science·i

宇宙はどこまで明らかになったのか

太陽系の誕生から第二の地球探し、ブラックホールシャドウ、最果て銀河まで

福江 純・粟野諭美

SoftBank Creative

本文デザイン・アートディレクション：クニメディア株式会社
カバー写真提供：池下章裕、NASA

はじめに

科学の世界が日進月歩だとはいうものの、最近の天文学の世界は飛び抜けていて、日々毎夜のごとく、新しいデータがあふれ出し、新しい描像が次々に描かれている。

たとえば、太陽系の探査が進み、辺境の地に冥王星よりも大きな小天体が発見されたのは、この数年のことである。2006年の夏に初めて決まった惑星の定義も含め、太陽系像が塗り替えられたのは、読者の方々も記憶に新しいだろう。そのような太陽系がどうして誕生したかについて、精緻なコンピュータシミュレーションが実行され、確かにいまある太陽系ができることが理論的に確かめられたのも、最近のことだ。

一方、太陽系外に目を転じれば、1995年に最初の系外惑星が発見されて以来、太陽系の外に発見された惑星の総数は、優に200を超えた。それらの多くは巨大なガス惑星だが、地球の数倍の質量の系外惑星も見つかり始めており、大気中に水を含む惑星が発見されたという報告もある。今後10年以内に、生命誕生の証拠となるだろう水と酸素大気を持つ地球型惑星が発見される可能性は、非常に高いだろう。

さらに宇宙の彼方では、しばしばブラックホールを主原因とする非常に激しい活動現象が起こっているが、これらの高エネルギー天体現象における最近の進展も目覚ましい。発見自体は非常に古く1960年代から知られていた謎の天体ガンマ線バーストに、1990年代に入って最新鋭の探査装置の目が向けられ、ガンマ線バーストがとてつもない天体だということが判明したのは、20世紀の変わり目ごろである。

また、ブラックホールを取り巻く高温プラズマガス円盤に関しても、30年以上も研究されているにも関わらず、いまだに新しい現象が発見され、新しいモデルが提案され、パラダイムシフトが起こっている。一方、ブラックホール＝ガス円盤システムから吹き出る亜光速ジェットについては、多次元放射流体シミュレーションや多次元磁気流体シミュレーションなどと呼ばれるコンピュータシミュレーションが実現し始めて、まるで直近で見てきたような絵が描けるようになってきた。あるいは、星々とガスやチリの巨大な集合体である銀河についても、巨大望遠鏡による探査が進み、最遠の銀河、すなわち宇宙においては最古の銀河を探す試みが続いている。最遠で最古の銀河を調べることは、銀河自体の起源の解明につながるからだ。

そして、人類の住む宇宙自体。21世紀に入ってから続々とまとまってきた研究成果から、今日、宇宙は137億歳で、空間構造は平坦であり、加速しながら膨張を続けている、ということを事実として知ってしまった。

本書では、宇宙に関するこれらの最新の研究成果を第一線の研究者の方々に生き生きと紹介してもらった。もっとも、いきなり研究最前線の話が出てくると、とまどう方もいるかもしれない。そこで、まず前半で、現代の最新宇宙像について、編者が25項目に取りまとめて概説し、その後、最新研究について8つの話題を展開した。もちろん、前半から読まなければ後半がわからないということはないので、好きなところから読んでもらえればいいと思う。

なお、一冊の書籍としての統一性を出すために、基本的な用語の統一や文体そのほかの整合性は編者が行った。一方で、ダイナミックに変化している研究現場の息吹を感じてもらうために、用語などで、意識的に統一しなかったものもある。たとえば、冥王星や海王星以遠の天体の称号については、執筆者が書いたままを残したので、数通りの言い方が残っている。あるいは文体についても、執筆者の勢いをそのまま残したものもある。

本書を読んでいただければ、この10年ぐらいで明らかになった宇宙研究の最新成果は、ひと通り知ることができると思う。もっとも研究の最前線がおもしろいのは、新しいことが1つわかれば、自然現象の理解が一段進むのだが、かならず、新しい謎がいくつも出てくることだ。系外惑星は発見されたが、知的生命はいるのだろうか？　ガンマ線バーストの観測は進んだが、ファイアボールとはなんだろう？　宇宙は加速膨張しているが、加速膨張を引き起こすダークエネルギーについて、われわれはまだなにも知らない。

本書はまさに、宇宙研究の最前線の書であり、その前には前人未踏の宇宙が広がっているのである。

編者／福江 純・粟野諭美

宇宙はどこまで明らかになったのか

太陽系の誕生から第二の地球探し、ブラックホールシャドウ、最果て銀河まで

福江 純・粟野諭美 編

CONTENTS

サイエンス・アイ新書

SoftBank Creative

執筆者プロフィール

■第一部　最新天文学入門

福江　純　大阪教育大学大学院教育学研究科

1956年宇部市生まれ。相対論的（＋放射＋磁気）流体力学を武器として、ブラックホール降着円盤や亜宇宙ジェットなどの謎に切り込んでいる。最近は相対論的放射輸送の基礎物理過程がおもしろくて、ときどき数式の嵐の中で陶然とする。SFとマンガとアニメが趣味。

粟野諭美　岡山天文博物館

1972年東京都生まれ。モットーは“自分も楽しみながら”宇宙の魅力を伝えること。空の色や光の現象にも関心があり、気がつけばいつも空を見上げている（らしい）。旅と音楽が趣味で、時間を見つけては海や遺跡めぐりを楽しんでいる。

■第二部　宇宙の最前線

Part1 ……………………………………………

吉川　真（よしかわまこと）　宇宙航空研究開発機構

1962年栃木市生まれ。専門は天体力学で、小惑星や彗星など太陽系小天体の軌道や運動を研究してきた。また、人工衛星・惑星探査機の軌道解析、惑星探査ミッション、そしてスペースガードなどにもかかわっている。音楽と囲碁を趣味としたいが、忙しくて…。

Part2

小久保英一郎（こくぼえいいちろう）　**国立天文台理論研究部**

1968年仙台市生まれ。専門は惑星系形成論。理論とシミュレーションを駆使して惑星系形成の素過程を明らかにし、多様な惑星系の起源を描き出すことを目指す。趣味はスクーバダイビング。1つの研究がまとまったら南の島に潜りに行く、という生活をしたいと思っている。

Part3

田村元秀（たむらもとひで）　**国立天文台太陽系外惑星探査プロジェクト室**

奈良県生まれ。専門は赤外線天文学、系外惑星探査、星惑星形成、宇宙磁場の観測、観測装置開発など。現在は、すばる望遠鏡の系外惑星円盤撮像用カメラ「HiCIAO（ハイチャオ）」の開発や、スペースミッションの検討も行っている。趣味は、守備範囲の広い音楽鑑賞。

Part4

米徳大輔（よねとくだいすけ）　**金沢大学自然科学研究科**

専門はガンマ線バーストの観測的研究と、人工衛星や望遠鏡の開発。近年は初期宇宙観測に興味を持っており、ガンマ線バーストを用いて宇宙誕生から現在までの星形成の歴史や宇宙進化の研究を行っている。映画をこよなく愛し、韓国ドラマにもはまった。

Part5

高橋労太（たかはしろうた）　**東京大学大学院総合文化研究科**

専門はブラックホール宇宙物理学・天文学。特に、現実の宇宙に存在するブラックホール近傍の物理現象を、一般相対性理論をもとに解明していくことを生きがいの1つとしている。趣味は、おいしい焼肉屋を探すことと料理をすること。

渡會兼也（わたらいけんや）　**金沢大学附属高等学校**

静岡県生まれ。専門はブラックホール降着流の理論的・観測的研究。特に明るいブラックホール候補天体の起源に興味を持っている。現在は高校で物理を教えるかたわら、天文教育・科学教育普及活動も行っている。趣味・特技はバレーボール、サッカー、旅行、読書、能・狂言鑑賞など。

Part6

大須賀　健（おおすがけん）　**理化学研究所**

銀河中心に存在する超巨大ブラックホールの形成論を、解析的手法やコンピュータシミュレーションを用いて理論的に調べている。超巨大ブラックホールと銀河の関連にも興味を持つ。趣味はプロ野球観戦で、研究の合間を見つけては球場に足を運んでいる。

加藤成晃（かとうよしあき）　**筑波大学計算科学研究センター**

1974年呉市生まれ。おいしいコーヒーに舌鼓を打ちながら、研究のアイデアを練るのが日課。宇宙電磁流体現象や輻射輸送過程の研究に取り組んでいる。スクーバダイビングやアウトドアスポーツが趣味で、最近は料理にも凝り始めている。

Part7 ……………………………………………………

谷口義明（たにぐちよしあき）　**愛媛大学大学院理工学研究科**

1954年北海道生まれ。専門は銀河、巨大ブラックホール、暗黒物質、宇宙の大規模構造。すばる望遠鏡による最遠方銀河探査を行い、2003年から2006年まで世界記録を保持した。現在、ハッブル宇宙望遠鏡トレジャリープログラムであるCOSMOS（宇宙進化サーベイ）プロジェクトに唯一の日本人として参加。暗黒物質や宇宙大規模構造の研究に大きな成果を上げつつある。

Part8 ……………………………………………………

杉山　直（すぎやまなおし）　**名古屋大学大学院理学研究科**

1961年ドイツ生まれ。専門は宇宙論。宇宙背景放射の揺らぎ、大規模構造の形成、宇宙の熱史などの理論的研究を行っている。最近は、宇宙初期磁場の形成や宇宙の暗黒時代、ダークエネルギーについて重点的に研究を推進。講演など、一般向けの天文普及にも力を入れている。

第一部

最新天文学入門

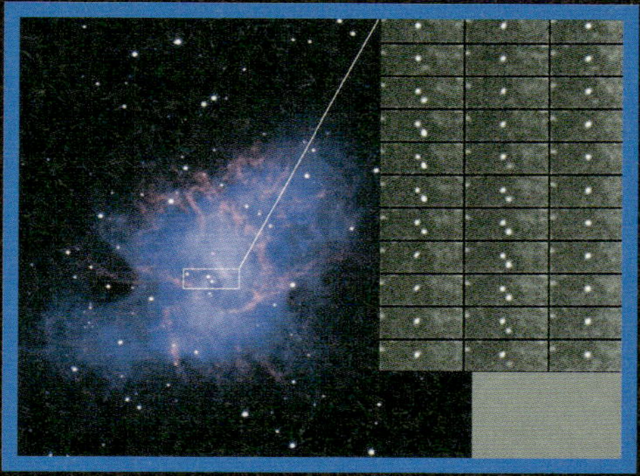

日々、新しい描像が描かれる天文学の世界。宇宙の歴史や宇宙膨張の発見、大規模構造など、多くの研究者によって観測や理論を駆使して研究が進められている。この第一部では、最新研究成果に触れる前の基礎知識として、現代の最新宇宙像を解説する。

第一部

最新天文学入門

1. 宇宙カレンダー　―宇宙の歴史―

人間の寿命はおよそ100年。その間には、泣いたり笑ったり、出会いや別れや、実にいろいろな出来事があるが、宇宙の時間の長さから見たらほんの一瞬である。なぜなら、宇宙の年齢は現在137億歳といわれているからだ。人の寿命の1億倍以上である。

最新の研究では、137億年前に、時間と空間が誕生し、それと同時に、とてもとても小さくて信じられないほど高温の火の玉が生まれ、それが急激に膨張して(いわゆる「ビッグバン」)、現在の宇宙になったと考えられている。しかしそういわれても、そんな時間の長さはとても想像できないだろう。まずは、この137億年を1年のカレンダーに縮めて、宇宙の歴史を眺めてみることにしたい。

年が明ける1月1日午前0零時にビッグバンが起こったとしよう。空間の膨張とともに温度が下がると、最初の銀河が姿を現し、桜が咲くころには私たちの銀河系も誕生する。やがてたくさんの星とともに、母なる星、太陽が生まれる。そして輝き始めた太陽の周りのガスやダスト(塵)が合体して、ついに地球が誕生！　ちょうど二学期が始まったころだ。

秋分の日のころ、地球には原始生命が生まれる。さまざまな進化によって生物の種類が爆発的に増えたのは、12月もなかばになってから。そして中生代の覇者だった恐竜が絶滅したのは、12月30日の午前6時半ごろだ。12月31日大みそかの午後8時50分ごろには、ようやくサルからヒト(ホモ・サピエンス)が分かれる。

そして…なんといま生きている私たちはみな、年が変わるわずか0.2秒ほど前に生まれたばかりなのだ！　まさに私たちは“一瞬”に生きているのである。

図1-1　宇宙カレンダー

2. 地球と太陽系——太陽系と惑星の大きさ比べ

今度は、宇宙の大きさを考えてみよう。身の周りには、いろいろな大きさのモノがあふれているが、目で確認できないモノを実感としてとらえるのは、なかなか難しい。たとえば、地球の直径は約1万2800km。1周すると約4万kmもあるが、飛行機の登場によって、いまでは誰もが自由に行き来できる。

さらに宇宙開発技術の進歩によって人類は月面着陸も果たし、スペースシャトルでの宇宙飛行もあたりまえになった。でも、シャトルの飛んでいる高さは、地上から約350km。東京から名古屋ほどの距離だ。これは、地球を直径30cmのスイカにたとえたら、表面からわずか8mm浮いているにすぎない。またこのスケールだと、月はスイカから約9m先にあるリンゴぐらい。人類は30年以上も前にその上を歩いたのだなぁと思うと、なかなか感慨深いが、それでも、私たちのいちばん身近な恒星である太陽に比べたら、ほんのささやかなものでしかない。なんと太陽はスイカから約3.5kmも先にあり、直径もスイカの109倍、10階建て（約30m）のビルの高さにもなるのだ！

さて、私たちは太陽とその周りの惑星や小天体などさまざまな天体をひっくるめて「太陽系」とよんでいるが、これらの天体は、約40天文単位（1天文単位は太陽と地球の距離）ほどの範囲にある。さらに100天文単位あたりまでは、惑星になりそこねた小天体がたくさんあり、もっとずっと先には、彗星の故郷と考えられている「オールト雲」が約10万天文単位（約1.6光年）まで広がっていると考えられている。最近は、このオールト雲が太陽系の果て、と考える研究者も多くなった。

今度は、太陽を30cmほどのスイカに置き換えて、50億分の1のスケールで太陽系を眺めてみよう。ブドウの種ぐらいの地球は太陽から30mのところを、太陽系最大の惑星・木星はイチゴほどの大きさで160mも離れたところを回っている。そして、冥王星はなんと1.2kmも先で、大きさは1mmにも満たない。ずっと先に広がるオールト雲は3000kmの彼方。なんと50億分の1に縮めた太陽系は、日本列島が2つ、すっぽり収まってしまうほどの大きな雲に覆われているのである。

太陽系の先は…ご想像にお任せしたい。

火星から見た地球と月
（提供：MGS/NASA）
10^6（100万）km

土星までの軌道スケール
10^9（10億）km

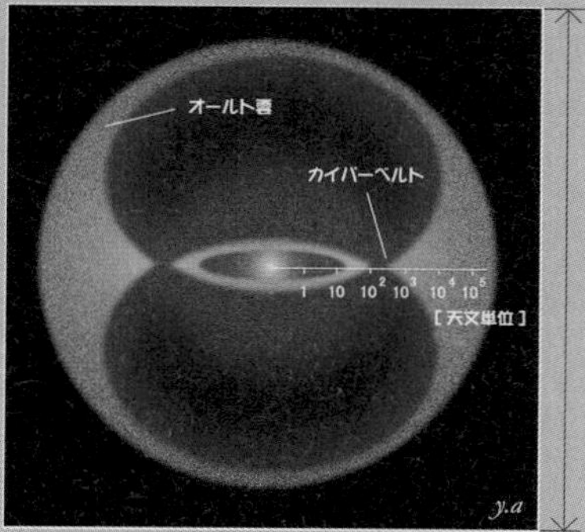

図2-1 太陽系のスケール

3. 母なる星――太陽

夜空には、たくさんの星が輝いている。「恒星」と呼ばれるこれらの星は、ほとんどが水素からできたガスの球で、核融合反応によって膨大なエネルギーを作り出し、みずから光を放っている。暖かな日差しを届けて地球上のあらゆる生命をはぐくんできた“母なる星”太陽も、実はそんなごくごくありふれた星の1つだ。

太陽がほかの恒星と決定的に違う点は、地球からの距離である。いちばん近いケンタウルス座α星でさえ、約4光年、すなわち光の速さで4年もかかるところで輝いているが、太陽は光の速さでわずか8分のところにあるのだ。

太陽は約11年の周期で活動しており、活動期には、まるで人間のホクロのような「黒点」や、磁力線に導かれて煙のように立ち上る水素ガスの雲「プロミネンス（紅炎）」をひんぱんに見ることができる。

黒点は、周囲に比べて温度が低いため黒っぽく見えるが、とても磁場が強く、活動が活発なところである。ここでは、突然激しく輝く爆発現象「フレア」が見られることもある。大きなフレアが起こると、大量のエネルギー粒子を含んだ太陽風が吹き出され、それが地球まで届くと、電波障害が起きたり、オーローラが現れることもあるのだ。

現在、約46億歳の太陽は、人間ならちょうど壮年に差しかかったところ。まだまだ働き盛りだ。

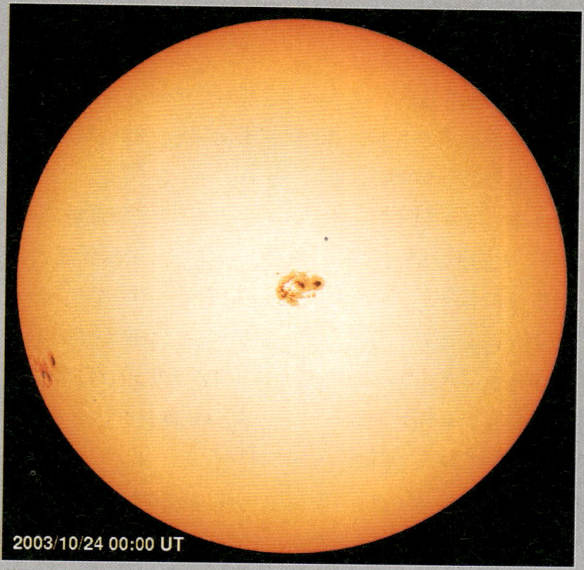

（提供：SOHO/NASA/ESA）

図3-1　可視光で見た太陽像

（提供：国立天文台）

図3-2　太陽観測衛星ひのでの可視光・磁場望遠鏡で観測した太陽

4. “ひとつき”でできた月 —月の形成

満ち欠けを繰り返し、美しい姿を見せてくれる月。月のサイクルは地球上の多くの生き物の活動にも関係し、時に風流に、時に神秘的な姿で私たちを楽しませてくれる。

月は地球の周りを回る衛星である。その大きさは地球の約4分の1もあり、太陽系の中でも特に大きな衛星だ。公転周期と自転周期が同じなので、いつも地球に同じ顔（表側）を見せているが、探査機の調査によって、実は表側と裏側では、地形がずいぶん異なることがわかった。1969年には、アメリカのアポロ11号が史上初めての人類月面着陸に成功し、その表面の調査をしたり、月の石や土などを持ち帰っている。

こんなに身近な天体でありながら、月はまだまだ謎がいっぱいだ。その中で特に議論されているのが、どのようにして月はできたのか、ということである。

月のでき方については、古くから3つの説があった。月は地球から飛び出したという「親子（分裂）説」、まったく別のところで生まれた月が地球の重力に捕まったという「捕獲説」、そして、地球のそばで独立に誕生したという「兄弟説」である。ただ、どれも月の成分や軌道などいろいろ考えると、うまく説明できない部分があり、決定的とはならなかった。

しかし最近になって「ジャイアント・インパクト（巨大衝突）説」が注目を集めている。これは、生まれたばかりの地球に火星くらいの大きさの天体（原始惑星）がぶつかり、その衝突によってできた破片が集まって月になった、という説だ。コンピューターシミュレーションによれば、月はなんと1か月でできてしまったのだとか。全体が形成され、落ち着くまで1千万年ほどかかった太陽系の中で、なんと月は一瞬にして現れたのだ！

いまふたたび注目を集めている月。その起源と進化の解明に向けて、2007年、いよいよ日本初の大型月探査機「セレーネ」が月を目指す（第二部 Part1でさらにくわしく）。

（提供：小久保英一郎/国立天文台、三浦均/武蔵野美術大学）

図4-1 コンピュータシミュレーションによる月形成のムービー

（提供：宇宙航空研究開発機構/JAXA）

図4-2 大型月探査機セレーネ

5　赤い惑星の謎　―火星に水発見

夜空を動き回る赤い星、火星は、古代から戦争や天変地異と結びつけられたり、戦いの星としてあがめられたりと、人々の生活に深く関わってきた。そしていまも、生命の存在する可能性がもっとも高い星として注目を集めている。

19世紀末、イタリアの天文学者スキャパレリは火星の表面にたくさんの筋を見つけ、イタリア語で「カナリ（溝）」と名づけた。しかし、フランス語から英語へ翻訳されるときに、「カナル（運河）」と誤訳されたため、「火星には知能を持つ生物がいるに違いない」といううわさが世界中に広まってしまった。この話の虜になったアメリカの天文学者ローウェルは、私設の天文台まで作って火星を徹底的に観測した。また1938年には、全米で放送されたラジオドラマ『宇宙戦争』の中で流れたニュースを、本当の話だと信じたリスナーがパニックになったという話まで残っている。

1996年、米航空宇宙局（NASA）は「火星からの隕石の中に生命の痕跡らしきものを見つけた」と発表した。研究者はもちろん、一般の人々からも「ついに生命発見か？」と世界中の注目を集めたものの、反論も多く、いまだ結論は出ていない。

しかし、火星に水が存在した証拠は次々と発見されている。2004年に火星に降り立ったNASAの無人探査機スピリットとオポチュニティーは、火星表面に流れる水から作られる地形や液体の水の作用を受けた岩石を発見した。欧州宇宙機関ESAが打ち上げた軌道周回衛星マーズ・エクスプレスも、南極付近に水の氷があることを発見した。もしかしたら古代の火星は、地球に似た水の豊かな星だったのかもしれない。

（提供：NASA）

図5-1 火星の観測画像

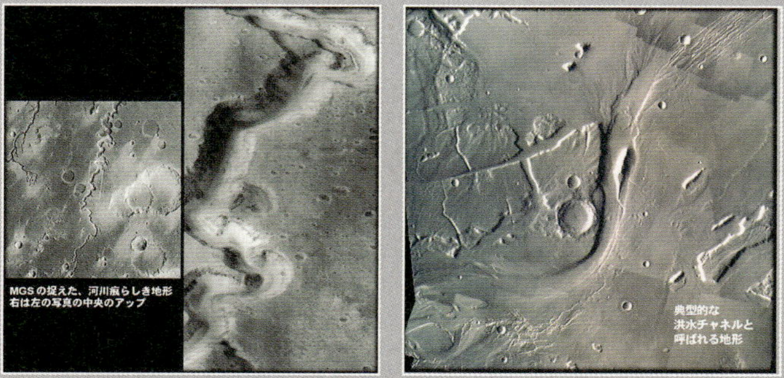

「オポチュニティ」が撮影した、水の証拠があるとされる岩「エッシャー」
（提供: NASA/JPL/Cornell）

図5-2 火星に水が存在した証拠写真

6 太陽系の旅人たち ―彗星と流星群

突然やってきて夜空に長い尾を見せる彗星。昔の人々にとって彗星は、不吉な前兆と考えられ、恐れられた存在だった。彗星の正体が確認されたのは、18世紀なかばである。ニュートン自身から万有引力の法則を聞き知ったイギリスの天文学者エドモンド・ハレーが、過去のデータを調べると、万有引力の法則が予測するとおり、彗星（こんにちの「ハレー彗星」）が約76年ごとに飛来することを見出したのだ。そして彼の予測したとおり、ハレーの死後、ハレー彗星はふたたび巡ってきた。彗星は、太陽系の辺境から周期的にやってくる旅人だったのである。

「彗星」は氷とダスト（塵）からできた“汚れた雪玉”である。直径は数kmほどしかないが、太陽に近づくと氷が溶けてガスが噴き出し、光り輝く。ガスは太陽風によって吹き流され、大きな尾のように見えるが、それはほんのつかの間。細長い楕円形の軌道を持つ多くの彗星は、太陽の側を通過するわずかな間だけ姿を見せると、ふたたび太陽系の果てへと帰ってゆくのだ。

彗星が通り過ぎたあとには、たくさんのダストが残っている。その中を地球が横切ると、大気にたくさんのダストが飛び込み、摩擦によって光り輝いてたくさんの流れ星が降ってくるように見える。これが「流星群」だ。

2001年11月には、しし座流星群がたくさんの流星雨を降らし、すばらしいスペクタクルショーを楽しませてくれた。これは約33年ごとに太陽に近づくテンペル・タットル彗星が残していったものだ。太古から彗星は、私たちに贈り物を届けてくれているのかもしれない。

（提供：ジェミニ天文台/AURA）

図6-1 McNaught彗星

（提供：本部勲夫/京都市青少年科学センター）

図6-2 しし座流星群

7　太陽系の小さな仲間たち —小惑星とTNO

太陽系には、惑星よりももっと小さい岩の塊のような天体がたくさんある。「小惑星」と呼ばれるこれらの天体は、主に火星と木星の軌道の間に存在する大小さまざまな大きさの無数の岩塊で、太陽系誕生時に一時的に形成された10kmほどの「微惑星」が、衝突などによって破壊された残骸だと考えられているのだ。現在、40万個以上もの小惑星が発見されている。

大部分の小惑星は、火星と木星の間で公転しているが（小惑星帯と呼ばれている）木星軌道の上で木星と同じ公転周期で回っている群れもあり、トロヤ群・ギリシャ群とよばれている。

小惑星と彗星はよく混同される。確かに、両方とも太陽系内の微小天体ではあるが、実際には、材質（小惑星は岩石質、彗星は氷）も成因も大きく異なる天体である。

また、口径の大きな大望遠鏡が次々と完成し、温度の低い暗い天体を撮像できる赤外線カメラが開発されると、太陽系最辺境の遠くて暗い小さな天体が観測できるようになった。その結果、海王星軌道の外側には、「TNO（トランス・ネプチュニアン・オブジェクト；外海王星天体）」や「EKBO（エッジワース＝カイパーベルト天体）」と呼ばれる小天体がたくさんあることが明らかになってきたのだ。これらは、冥王星によく似た比較的小さな天体で、太陽系が生まれたときの状態を保っていると考えられていることから、太陽系がどのように形成されてきたかを考えるうえで、非常に重要な天体と考えられている。

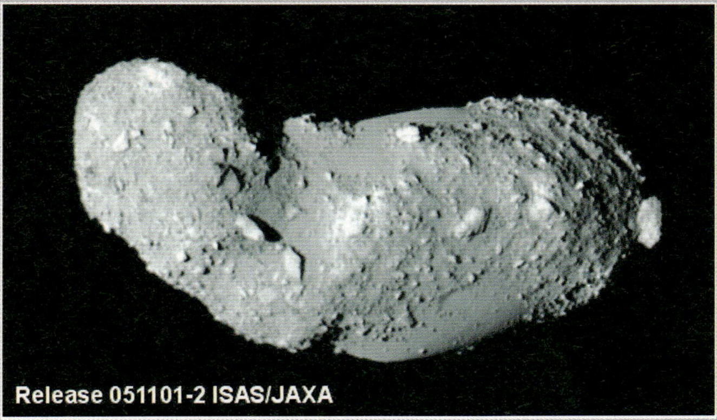

（提供：宇宙航空研究開発機構/JAXA）

図7-1 **小惑星イトカワの裏側**

（提供：NASA/JPL-Caltech）

図7-2 **TNOセドナの想像図**

8 第十惑星はどこに —太陽系の定義

2006年8月、惑星の数が変わる、というニュースが世界を駆けめぐった。長年に渡る議論の末、プラハで行われていた国際天文学連合 (IAU) の総会で、惑星の定義が科学的に決定されたのだ。

惑星はずっと、太陽の周りを回る大きな天体、として知られてきた。その数は9個、そのいちばん外側の惑星が冥王星だった。きちんと定義されたことは一度もなかったのだが、以前は特に不都合はなかったのだ。

ところが、1930年の発見当時は地球と同じぐらいの大きさと考えられていた冥王星が、観測が進むにつれて、もっと小さな天体で、軌道もゆがんでいるなど、変わった特徴を持つことがわかってきた。そして1978年、冥王星の半分ほどもある衛星カロンの発見により、冥王星は地球の衛星である月よりも小さいことがわかったのである。

さらに近年の観測で、海王星の外側には小天体TNOがたくさん確認され、冥王星は惑星とは成因が異なり、太陽系辺境に無数に存在する微小天体の仲間であるという解釈があたり前になりつつあった。そんな2003年10月、ついに冥王星よりも大きな天体2003UB313 (2006年の9月にエリスと命名された) が発見されてしまった。

こうして、科学的にも大きさ的にも惑星とはやや異なる天体に位置づけられた冥王星は、小さな惑星を意味する新しいカテゴリー「矮惑星 (dwarf planet)」に分類されることが決まり、そのリーダーとなったのである (第二部 Part1でくわしく解説)。

（提供：NASA）

図8-1 冥王星と衛星カロン

左上がエリス、まだ正式命名前で、ゼナという仮の名がついている
（提供：NASA）

図8-2 いろいろなTNO

9 第二の地球 ―系外惑星探し

現在の天文学で非常に注目を集めている天体の1つに系外惑星がある。

大昔から人々は、太陽以外の星の周りにも惑星が存在するのではないかという疑問を抱いてきた。20世紀半ばから始まった太陽系外の惑星探査は、観測技術が進むにつれて本格的になり、ついに1995年、ジュネーブ天文台の研究者たちがペガスス座51番星の周りを回っている巨大ガス惑星を発見した。そして現在では、200個以上もの惑星が発見されている。これらの太陽系以外の惑星を現在では、「系外惑星」と総称しているのだ。

ペガスス座51番星で見つかった系外惑星は、母星のすぐそばを公転しており、母星の熱と光で高温になっていると予想されるため、このようなタイプの系外惑星は「ホット・ジュピター」とよばれている。ホット・ジュピターは円軌道を持つ系外惑星だが、それとは別に、彗星のような楕円軌道を持っているものもある。これらは「エキセントリック・プラネット」とよばれ、現在発見されている系外惑星の3分の2以上を占めている。また系外惑星は、1つの恒星の周りにいくつも見つかっている(「マルチ・プラネット」)。おそらく惑星は、複数個あるのが普通なのだろう。

いまはまだ観測精度の関係から、発見されている惑星は巨大ガス惑星ばかりだが、現在、惑星系探査を目的としたプロジェクトも動いており、地球型惑星＜第二の地球＞が見つかる日も、そう遠くはなさそうだ(第二部 Part3でくわしく解説)。

（出典：http:// ipac.jpl. nasa.gov/ media_images/ large_jpg/ artist/ extrasolar2.jpg）

図9-1 系外惑星の想像図

（出典：http://www-int.stsci.edu/ ~inr/thisweek1/thisweek/HD149026.jpg）

図9-2 ホット・ジュピターHD149026の想像図

10 夜空の道案内 —星座

紀元前3000年ごろから、人々は夜空に無数に輝く星たちを眺め、その並びから人や動物の姿を想像してきた。古代文明が発展したバビロニアやエジプト、中国などでは独自の星座が作られ、オリエント諸国で作られた星座は、紀元前6世紀にはギリシャへと引き継がれ、現在の形に近い星座が生まれた。古代ギリシャの天文学者プトレマイオスはそれらを整理し、黄道12星座を含む48の星座を決定。さらに17世紀、南半球への航海が始まると南天の星座たちも加わった。こうしてあまりにも多くなった星座は、1928年、国際天文学連合（IAU）で88個に整理され、いまも世界共通で使われている。

夜空に輝く星のほとんどは、太陽と同じく、中心部の核融合反応でエネルギーを発生させて自分自身で輝く恒星である。恒星はずっと遠く、太陽系のはるか彼方で輝いている。その距離は、数光年から数万光年。いちばん近いケンタウルス座のα星でさえ4.3光年（約40兆km）先にあり、最速のロケットでも8万年もかかるところにあるのだ。

同じ距離にあるように見える同じ星座の星たちも、実は、その距離はさまざまである。たとえば、宇宙に飛び出して北斗七星を横から眺めたら、とてもヒシャクとは思えない形が見えてくるだろう。もし、はるか遠くの星に生命がいたら、夜空を眺めて、私たちがふだん見ているのとはまったく違った星座を夜空に描いているかもしれない。

（提供：栗田直幸）

図10-1 星座＋星座絵

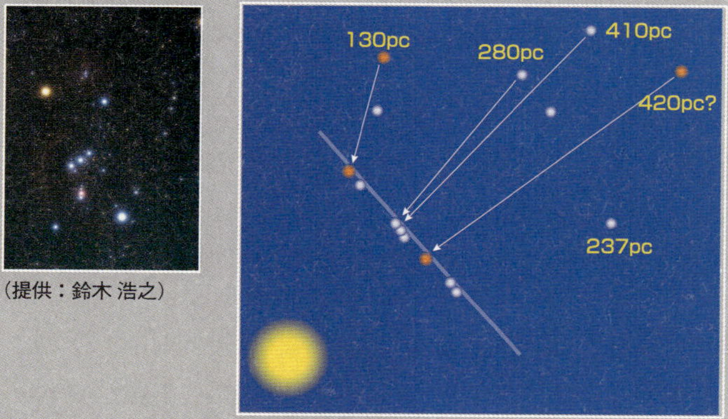

（提供：鈴木 浩之）

（※1pcは3.26光年）

図10-2 オリオン座の星の実際の距離

11 大人の星 ―星の明るさと色

夜空に見える星々には、明るい星もあれば暗い星もある。それらの明るさを表すために、星の等級という概念が生まれた。紀元前2世紀ごろ、ギリシャのヒッパルコスは、目で見える星の明るさの違いによって、1等星から6等星まで分類した。19世紀、イギリスのポグソンは、もっとも明るい1等星は6等星の100倍の明るさであり、かつ、各等級の間の明るさの“比”が一定だと定義した。すなわち各等級の明るさの比は約2.51倍となり、この定義は現在も使われている。

星をよく観察すると、色の違いにも気がつくだろう。たとえばオリオン座の左上にあるベデルギウスはオレンジ色をしているが、右下のリゲルは白く輝いている。この星の色が違う原因は、それぞれの星の表面の温度が違うためである。低温の星は赤や橙色の光を主に出しているため赤っぽく見えるが、高温の星は緑や青、あるいは、紫の光を相対的に強く出しているので、白または青白く見える。

星の光はもともとたくさんの色が合わさったものなので、プリズムなどに通すと、きれいな虹色（スペクトル）になる。スペクトルは情報の宝庫だ。色の強さや特徴などをくわしく調べると、星の温度や圧力、構成元素など物理的情報を始め、視線方向の星がどのような動きをしているか（視線速度）や地球と天体の間の情報（星間物質の情報）など、さまざまな情報を知ることができるのだ。

星のスペクトルは、その細かい特徴から

O－B－A－F－G－K－M－L－T

と分類されている。速いものほど高温で若い星で、O型やB型は数万度の表面温度を持つ。また、遅いものは低温の星で、M型が3000度ぐらい。最近の赤外線観測で見つかり始めたL型やT型は、2000度から1000度ほどだ。ちなみに太陽はG2型で、表面温度は6000度。ちょうど中ぐらいの温度の星なのだ。

星が放つ光は、まさに“天体の指紋”なのである。

（提供：鈴木浩之）

図11-1　オリオン座

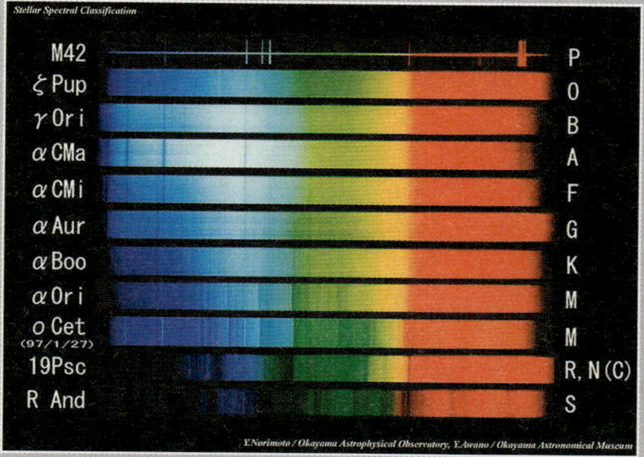

（出典：岡山天体物理観測所&粟野諭美ほか『宇宙スペクトル博物館』）

図11-2　代表的な星のスペクトル

12 星の誕生と赤ちゃん星 ―原始星と暗黒星雲

双眼鏡や望遠鏡で夜空を見ると、星とは違って、ぼやっと雲のように広がって見える天体が見つかる。これらは「星雲」と呼ばれるガスやダスト（塵）でできた雲だ。星雲には、散光星雲（輝線星雲、反射星雲）、暗黒星雲、惑星状星雲、超新星残骸などがあるが、散光星雲やさらにガスの濃い暗黒星雲は、星の赤ちゃんが生まれている場所として知られている。

たとえば、冬の代表的な星座であるオリオン座の三つ星の下を見ると、やや赤い淡い雲のようなものが見つかるだろう。オリオン大星雲と呼ばれる雲の中には、トラペジウムと呼ばれる4つの生まれたばかりの星が輝いており、さらに赤外線で観測すると、たくさんの赤ちゃん星が見えてくる。

宇宙空間には、水素原子などからなる薄いガスがある。それがなんらかの作用によってまとまり、ガスの塊（分子雲）ができる。さらに分子雲は自分の重力で収縮を始め、濃いガスの塊（分子雲コア）となる。これが“星のたまご”だ。やがて回転を始めたガスの塊は円盤状になり、その中心部分が明るく輝き始める。星の赤ちゃん（原始星）の誕生である。

原始星自身はガスに覆われているため、私たちの目では見えないが、周りのガスは原始星の光で温められ、散光星雲として輝いて見える。散光星雲はまさに赤ちゃんの揺りかごだ。原始星は成長するにしたがって周りのガスを吹き飛ばし、一人前の姿「主系列星」となってその姿を現す。

（提供：NASA）

図12-1 オリオン大星雲

ハッブル宇宙望遠鏡撮像
（提供：NASA/STScI）

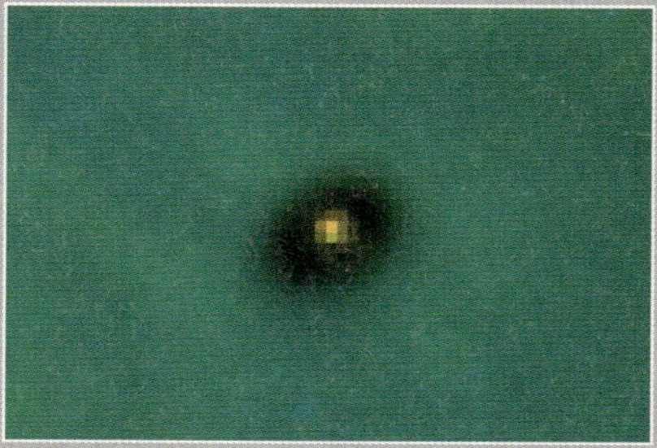

図12-2 オリオン大星雲M42で発見された原始星とガス円盤の“影”

13 星になれなかった星 —褐色矮星

ガスが集まって“星”になったとき、その質量が小さくて、太陽の質量の1～7%程度しかないと、中心部の温度と密度が低すぎて、核融合反応を起こすことができない。このような“星”は、核融合エネルギーで明るく輝くことができない。このため、つい最近まで望遠鏡で観測されることもなかったが、大望遠鏡の誕生と高性能な赤外線カメラの開発などによって暗い星が観測できるようになると、このような星が宇宙にはたくさん存在することがわかってきた。

木星の10倍から80倍ぐらいの重さしかなく、表面温度も1000度から2000度と非常に低いこのような星は、「褐色矮星」とよばれている。温度が低いためにメタンやアンモニアなどの分子が多量に存在しているはずで、もし間近でみれば“褐色”に見えるだろうというのが名前の由来である。

質量的には、褐色矮星と木星のようなガス惑星は似たようなものに見える。しかし、褐色矮星とガス惑星は、構造と成因とで基本的に2つの点で異なる。褐色矮星は中心までガスでできているが、ガス惑星は固体の中心核を持っていること。また、褐色矮星は連星または単独で存在するが、ガス惑星は母星の周りを回っているという点だ。

これまでの観測では、銀河系には、約1000億個の褐色矮星が存在すると見積もられている。また、宇宙に存在すると信じられている、質量は持つが目には見えない謎の物質ダークマター候補にもなっている。

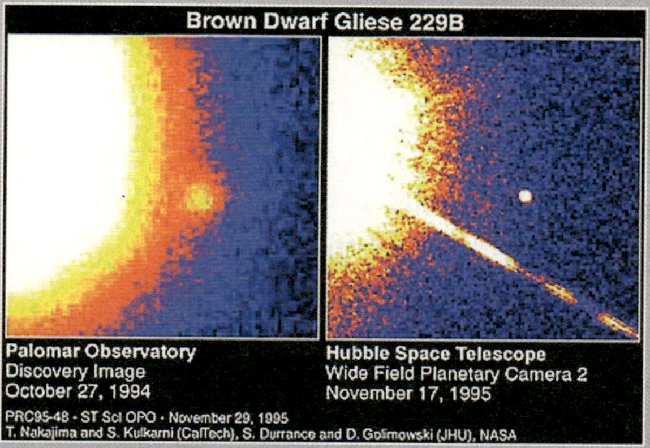

左側はパロマー天文台で右側はハッブル宇宙望遠鏡で撮影したもので、左方の大きい星がグリーゼ229A、中央右よりの小さな点が褐色矮星
（提供：NASA/STScI）

図13-1　褐色矮星グリーゼ229B

（出典：http://spaceflightnow.com/news/n0205/22closest/sizes.jpg）

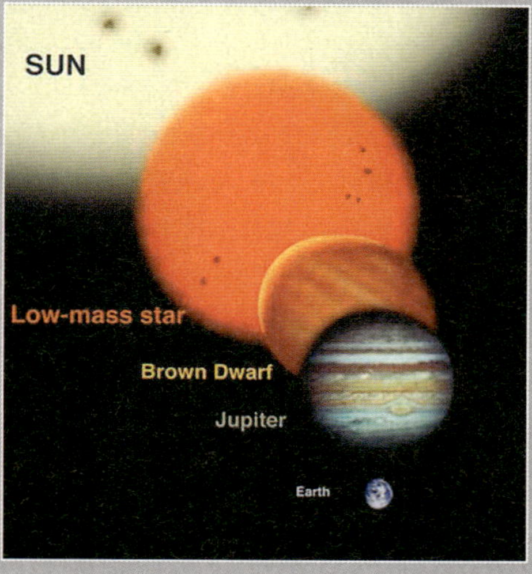

図13-2　褐色矮星の大きさ

14 老人の星 —赤色巨星・惑星状星雲・白色矮星

原始星は、エネルギーを放射しながら数千万年かけてゆっくり収縮し、次第に中心の温度を上げていく。中心温度が約1000万度になった段階で、中心で核融合反応が点火し、原始星は大人の星「主系列星」に変貌するのだ。主系列星は、その中心で水素ガスが核融合を起こし“燃えて”いる段階の星なのである。

星は、その重さによって寿命が異なる。たとえば、太陽が主系列星として過ごす期間は、約100億年だ。一方、太陽の20倍の質量の星は、核融合反応が非常に激しく、太陽の数万倍の明るさで輝く。その結果、あっという間に中心部の水素を燃やし尽くして、たった700万年ほどで主系列を終えてしまうのだ。逆に、太陽の半分の質量の星は核融合反応もゆっくりで、1千億年以上も生きる。星は軽い星ほど長生きし、重い星ほど短命なのだ。

働き盛りの星・主系列星が年老いると、中心部には水素の燃えかすであるヘリウムがたまってくる。このヘリウム中心核がある程度大きくなると、その内部に熱源がないために中心核が収縮し始める。と同時に、バランスを保つため、水素の外層は膨張して、その結果、半径が太陽の100倍以上もある「赤色巨星」ができあがるのだ。赤色巨星が“赤色”であるゆえんは、星が非常に大きくなって表面の温度が下がったためである。

また星は、その重さによって、迎える運命もかなり違う。

たとえば、太陽の約8倍よりも軽い星では、やがて核は縮んで、周りのガスを吹き飛ばし、炭素や酸素の固い芯だけが残る。これが「白色矮星」だ。白色矮星は、直径数万kmほどと、太陽の100分の1（地球ぐらい）しかないが、質量は太陽と同じぐらいあるので、その密度は一立方cm（角砂糖1個分）あたり1t（トン）ほどにもなる。

吹き飛ばされたガスは、白色矮星の光によって照らされ、「惑星状星雲」として美しい姿を見せてくれる。惑星状星雲には、真円のものから、砂時計のようなものまで、いろいろな形があるが、これは、ガスの広がりを横から見たり上から見たり、さまざまな方向から見ているからだろう。

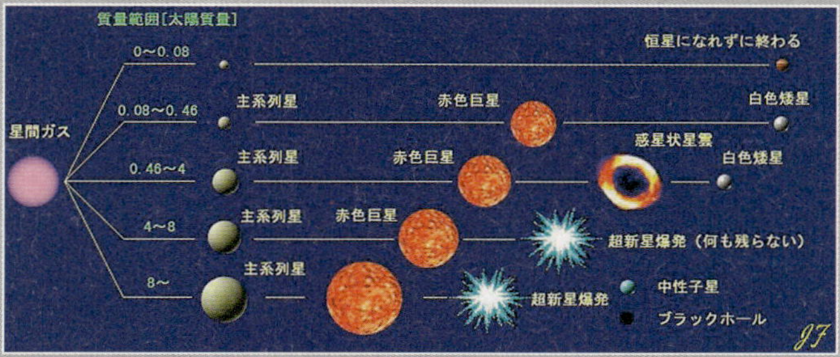

（出典：粟野諭美ほか『宇宙スペクトル博物館』）

図14-1　星の進化と終末

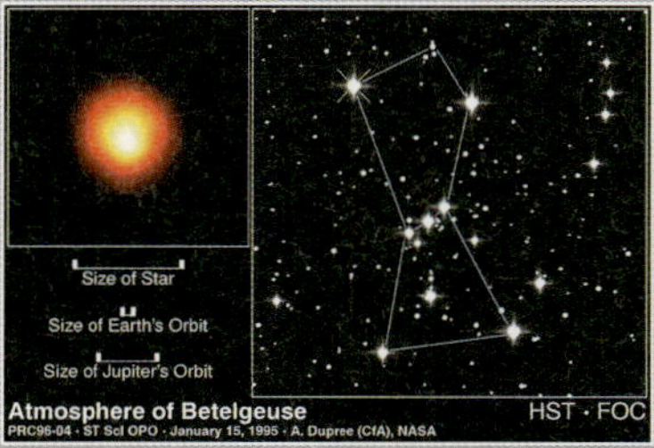

（提供：HST/STScI）

図14-2　赤色巨星ベテルギウス

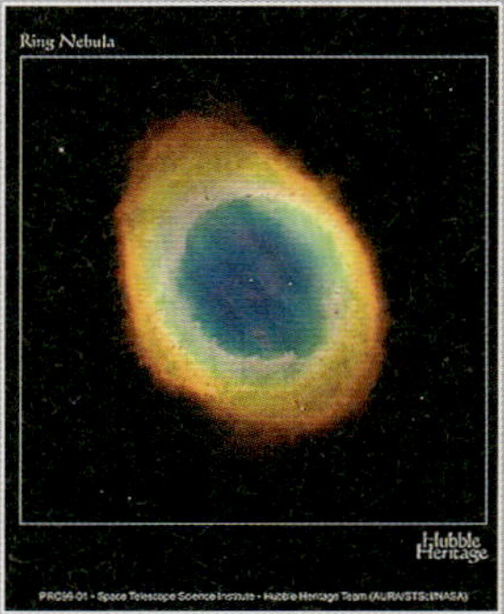

（提供：NASA/STScI）

図14-3　惑星状星雲M57

15 星の壮絶な死 ―超新星とガンマ線バースト

太陽の約8倍以上の重い星は、劇的な最後を迎える。死ぬ間際に星全体が大爆発を起こすのだ。これは「超新星爆発」と呼ばれ、非常に強い光を放つため、突然、夜空に新しい星が現れたように見える。記憶に新しいところでは、1987年、すぐ隣の大マゼラン銀河で超新星1987Aが出現し、肉眼でも見える明るさとなった。ちなみにこの爆発では、カミオカンデによってニュートリノも検出されている。

大爆発によって飛び散ったガスは、「超新星残骸」として観測される。ガスはやがて宇宙空間へ広がり、また星のたまごの材料となっていく。

太陽の30倍とか40倍もの大質量の星が超新星爆発を起こすと、爆発の規模も桁違いに大きくなるので、最近では「極超新星」とよばれることもある。まだ確立したわけではないが、おそらく、普通の超新星爆発では中性子星が、極超新星爆発でブラックホールができるのだろう。

さらに、ブラックホールができるような極超新星爆発では、時として、ほぼ光速のスピードでジェット状に物質が飛び散るのではないかと想像されているのだ。そして、その亜光速ジェットからは強烈なガンマ線が発生していて、宇宙最大の爆発現象として注目を集めている「ガンマ線バースト」の原因になっているのではないかと思われている（第二部 Part4でくわしく解説）。

（出典：Anglo-Australian Observatory）

図15-1 大マゼラン銀河で起こった超新星SN1987A（左：出現後、右：出現前）

（提供：ぐんま天文台）

図15-2 M74で起こった極超新星2002ap（左：出現後、右：出現前）

16 角砂糖1個分が5億トンの星 —中性子星

太陽の30倍ぐらいまでの質量の星は、超新星爆発のあとで中性子星を残し、さらに重い星は中心が潰れてブラックホールとなる。

「中性子星」は、半径が約10kmと白色矮星よりも小さいものの、質量は太陽と同じぐらいなので、なんと角砂糖1個分あたり数億トンにもなるのだ。ここまで密度が高くなると、当然、通常の物質の状態ではなくなってしまう。身の周りの物質は、陽子と中性子からなる原子核の周りを複数の電子が取り巻いた原子や、複数の原子が集まった分子からできている。中性子星では原子が完全に潰れて、電子は陽子に吸収されて中性子となり、星全体が中性子の塊になっているのだ。角砂糖1個分あたり数億トンというのは、原子核の密度なのである。

また高速で回転しながら、規則正しく電磁場（パルス）を出す中性子星もあり「パルサー」とよばれている。パルサーは、1秒で1回転とか、速いものでは1秒で1000回転もの速さで自転しながら、磁極の方向に強い電磁波を放つ。しかし、磁極は一般に回転軸の方向と少しずれているため、電磁波の向きも回転とともに動く。これがたまたま地球の方向に向いたときに観測されるため、点滅しているように見えるのだ。1967年に観測を始めてからパルサーが発見されたときは、そのパルスの規則正しさから、宇宙人からの信号かと思われたほどである。

超新星爆発の残骸である「かに星雲（M1）」を観測すると、その中心にパルサーが見えている。

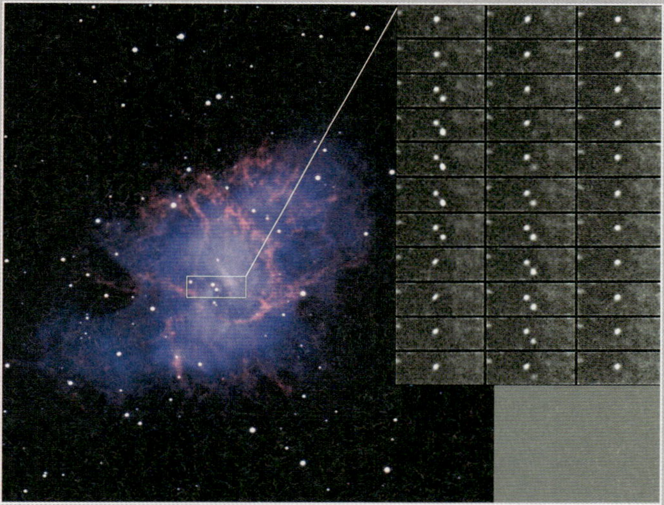

（提供：NOAO/AURA/NSF）

図16-1 かに星雲とかにパルサー

Crab nebula

可視光写真
（提供：大阪教育大学）

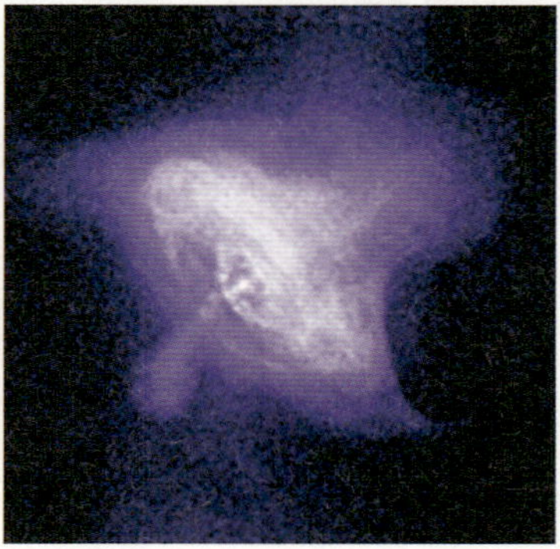

X 線画像
（提供：ESO）

図16-2 かに星雲

17 時空の裂け目 —ブラックホール

太陽の30倍から40倍の質量の星が超新星爆発を起こすと、「ブラックホール」が残されると考えられている。ブラックホールも直径数kmほどの小さな天体だが、やはり太陽程度の質量はあるので、なんと角砂糖1個分が百億トンにもなるのだ。そのため非常に重力が強く、周りのものはすべて、光さえも引き込んでしまう。ブラックホール（黒い穴）と呼ばれるゆえんだ。

アインシュタインの一般相対論を用いてブラックホールの存在が理論的に予言されたのは1939年のことだが、実際に"観測"されたのは1971年になってからだ。

光が出られないブラックホールは、直接目で見ることはできない。だが、ブラックホールは大質量星が超新星爆発を起こしたあとにできるので、しばしば、ほかの星と連星になっていることがある。このような場合、側の星からガスがはぎ取られてブラックホールへと落ちていき、ブラックホールの周りには高温のガス円盤ができる。ブラックホールの近くで数千万度もの高温になったガスから非常に強いX線が放たれるため、それが観測されるのだ。

夏の星座の代表であるはくちょう座には、1971年に最初に発見されたブラックホール連星「はくちょう座X-1（Cyg X-1）」が輝いている（第二部 Part5&6でくわしく解説）。

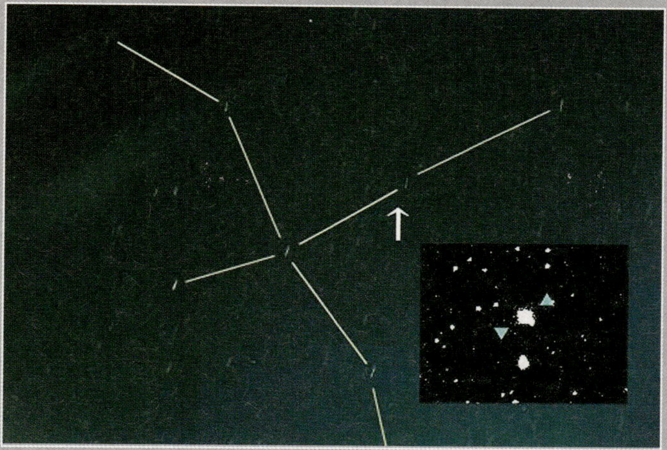

図17-1 はくちょう座とX-1の位置、およびX-1の伴星HD226868

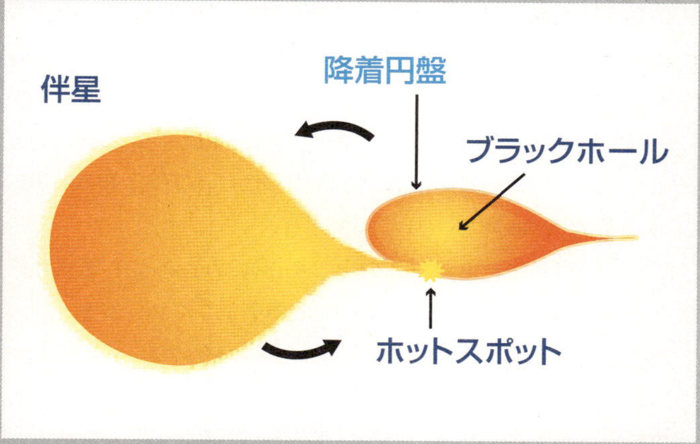

図17-2 CygX-1のモデル図

18 天の川の真実 ―銀河系の構造と中身

暗い夜空で淡い雲のように見える天の川。その正体は、無数の星の集まりである私たちの「銀河系」を横から見た姿なのだ。1610年、イタリアのガリレオは、自作の望遠鏡で天の川がたくさんの星の集まりだということを確認し、18世紀後半には、イギリスのウィリアム・ハーシェルが天の川の星を1つずつ数え上げ銀河系の形を描いた。そして20世紀、アメリカのシャプレーらが銀河系の球状星団の距離を求めたことによって、現在考えられている銀河系の姿が見えてきたのである。

約2000億個もの恒星からなる銀河系は、上から見ると渦巻状に、横から見ると中心部分が膨らんだ円盤状の形をしていると考えられている。その円盤の直径はなんと10万光年で、厚さも中心部分では1万5000光年もある。その「円盤部」には、多数の星々に加えて、数百から数千の若い星からなる「散開星団」や、種々の星雲がひしめきあっているのだ。また、銀河系を取り囲む周辺の「ハロー」とよばれる領域には、数十万個の古い星が球状に集まってできた「球状星団」が存在しており、さらに目には見えない「ダークマター」が満ちている。ダークマターは、星など目に見える通常物質の10倍くらいはあると信じられているが、その正体についてはまだわかっていない。

私たちの太陽系は、銀河系の中心から約2万7000光年離れた円盤上にあるので、見る方角によって星の集まりぐあいが違う。星が密集している銀河系の中心は、夏の星座で有名ないて座方向にあたるため、夏の天の川は、ひときわ明るく見えるのだ。

この銀河系中心には、太陽の370万倍もの重さがある巨大なブラックホールがいる。銀河系中心は、系外の銀河に比べればはるかに近いが、銀河系内のガスやダスト（塵）のため、観測が非常に難しい。しかし、星間塵をスリ抜ける電波や赤外線、X線、ガンマ線などの観測によって、中心からは強い電波やX線が出ていることがわかった。銀河系中心に探りが入れられ始めたのは比較的最近のことで、こんなに大きなブラックホールの起源についてはわかっていない。

（提供：栗田 直幸）

図18-1　天の川

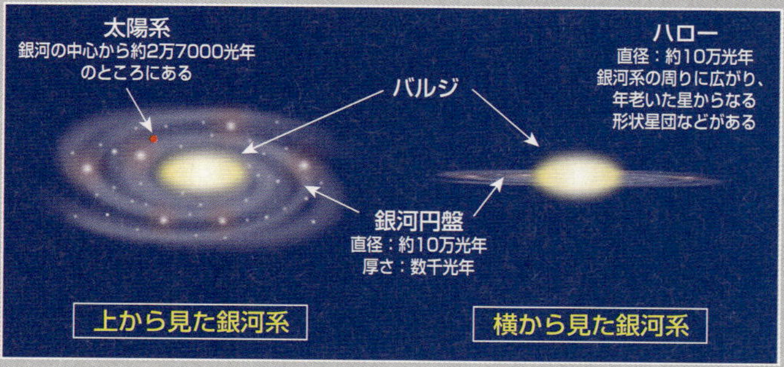

図18-2　銀河系のイメージ図

19 銀河の形と種類 —ハッブル分類

銀河系は、宇宙に無数に存在する銀河の1つである。「銀河」は、数百億から数千億個もの恒星や大量の星間物質の集まりで、天の川銀河も、その1つにすぎないのだ。

ビッグバン膨張宇宙の最初にできた水素やヘリウムなどのガスが集まって、銀河の赤ちゃん(原始銀河)となった。小さな原始銀河は、ほかの銀河と衝突して合体したり、銀河の中のガスから星が生まれて、大きく広がることによって、いまのような大きな銀河になっていったと考えられている。

ふつうの銀河は、直径1万光年から30万光年ぐらい、重さは太陽の約10億倍から1兆倍ほどである。なかには、巨大楕円銀河と呼ばれる太陽の10兆倍もの重さがある超巨大な銀河や、矮小銀河と呼ばれる暗く小さい銀河もある。

銀河はその形状から、丸い楕円銀河、渦巻模様の円盤をもつ渦巻銀河、円盤状でも渦巻模様が見られないレンズ状銀河、どれにも当てはまらない不規則銀河に大別される。楕円銀河は、ガスやダストはほとんどなく、年老いた星からできている。そのため、やや黄色から赤みがかって見えるものが多い。それに対し渦巻銀河は、渦巻腕にガスやダストをたくさん持つため、若い星が多く、青みがかって見えるのだ。また中心部分には、年老いた星が集まったバルジがあり、その形が円形のタイプと棒状のタイプ(棒渦巻銀河)に分けられる。20世紀初めに銀河をこのように分類したアメリカの天文学者エドウィン・ハッブルにちなんで、「ハッブル分類」とよばれている。

また銀河の中には、膨大なエネルギーを作り出して、激しく活動しているものがある。中心に「活動銀河核」をもつ銀河や「スターバースト銀河」がその代表だ。銀河の中心には、巨大なブラックホールがあることがわかっているが、このブラックホールにガスが吸い込まれるとき、強い光や電波、X線などが放たれ、銀河中心が明るく輝く。それが活動銀河核である。活動銀河核を持つ銀河には、セイファート銀河、電波銀河、クエーサー、ブレーザーなどがあり、それぞれ特徴を持っている（第二部 Part7でくわしく解説）。

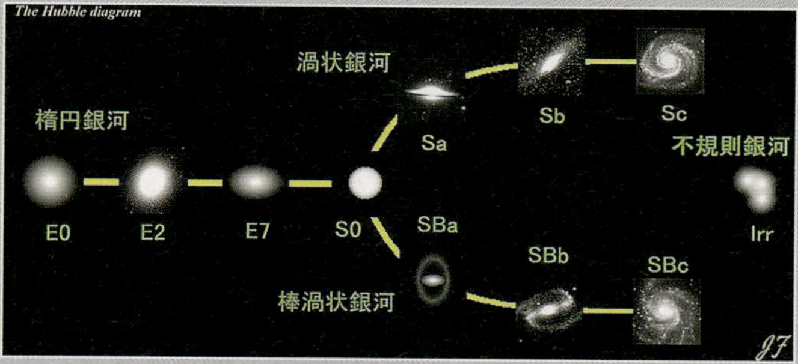

（出典：粟野諭美ほか『宇宙スペクトル博物館』）

図19-1　銀河のハッブル分類

図19-2　いろいろな銀河

20 遠ざかる銀河たち —宇宙膨張の発見

宇宙に散らばる多数の銀河は、じっとしているわけではない。実は、猛スピードで遠ざかっている。これは宇宙がどんどん膨張しているからだ。

私たちから遠ざかる運動をしている天体からの光は波長が赤い方にずれ (赤方偏移)、逆に私たちへ近づく運動をしている天体からの光は青い方へずれる (青方偏移)。このいわゆる「ドップラー効果」を使えば、天体のスペクトルを調べると、視線方向の速度情報 (視線速度) を知ることができるのだ。

第1次世界大戦後、アメリカのウィルソン山天文台に勤めたエドウィン・ハッブルは、口径2.5mの大望遠鏡で銀河の写真を撮り続けた。彼は観測のターゲットだったアンドロメダ銀河の中にある変光星を観察し、その見かけの明るさをもとにアンドロメダ銀河までの距離を求めた。この観測から、アンドロメダ銀河は銀河系の外にある、まったく別の銀河であることが発見されたのだ。

さらにハッブルは、近傍の銀河の観測から、①大部分の銀河は赤方偏移していること。すなわち、私たちから遠ざかる運動をしていること。②距離が遠い銀河ほど、距離に比例してその速度が大きくなることに気がついた。つまり、遠くの銀河ほど、速い速度で私たちから遠ざかっているのだ。ハッブルが1929年に発表したこの法則が、「ハッブルの法則」である。

ハッブルの法則が意味していることは、「宇宙は一様に膨張している」ということである。すべての銀河が遠ざかり、しかも遠くの銀河ほど速く遠ざかるということは、宇宙空間自体が膨張しているからなのだ。この空間の膨張こそ、「宇宙膨張」の発見だった。ビッグバンによって急速に膨張し、冷えていった宇宙には、やがて銀河が誕生した。つまり、遠くの宇宙を観測すれば、宇宙の過去の様子を知ることができ、また銀河がどのように進化したかもわかるのである。

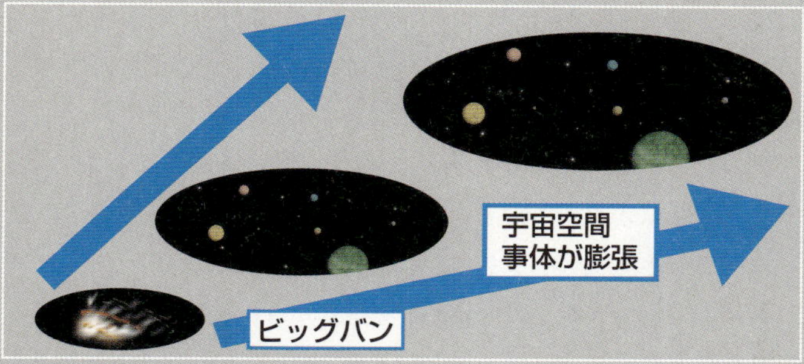

図20-1　膨張する銀河

（提供：NASA）

図20-2　パロマー天文台の48インチシュミットカメラを操作するエドウィン・ハッブル

21 宇宙に浮かぶ天然の望遠鏡 ―重力レンズ

人間の指紋が１人１人異なるように、天体からやってくる光のスペクトルも1つとして同じものはない。そのはずだった。しかし1979年、まったく同じスペクトルをもつ双子の天体クェーサー0957＋561A＆Bが発見された！

クェーサーは、遠くの宇宙にある非常に明るい活動銀河の中心核だ。クェーサー0957＋561A＆Bは、おおぐま座の方向にある17等級の天体だが、まるで双子のように2つの点が並んでいたため、発見当事、双子クェーサーとよばれていた。しかも、そのスペクトルもまったく同じだったのだ。

実はこの双子クェーサーは、1つのクェーサーが2つに見えたものだった。アインシュタインの一般相対性理論では、星や銀河などの質量を持った天体の周りでは、その重力によって空間が曲げられるため、そこを通る光も曲げられる。そのため、本来なら地球へ届かなかったクェーサーの光も、重力によって曲げられて地球に向かい、2つの像となって見えていたのだ。

「重力レンズ」とよばれるこの現象は、その後、3つ子の像やアーク状のものなど、多種多様でいろいろな像がいくつも発見されている。まるでレンズのような役割を担ってくれる重力レンズは、遠くの天体の光を観測してくれる、いわば、宇宙が用意した天然の望遠鏡なのだ。

最近では、重力レンズを使ってダークマターを探したり、系外惑星を探したり、さまざまな利用が行われている。

図21-1 重力レンズ天体0957＋561A&B
（提供：大阪教育大学）

（出典：http://hubblesite.org/gallery/album/the_universe_collection/pr2006023a/web_print）

図21-2 銀河団SDSS J1004＋4112の重力レンズ像

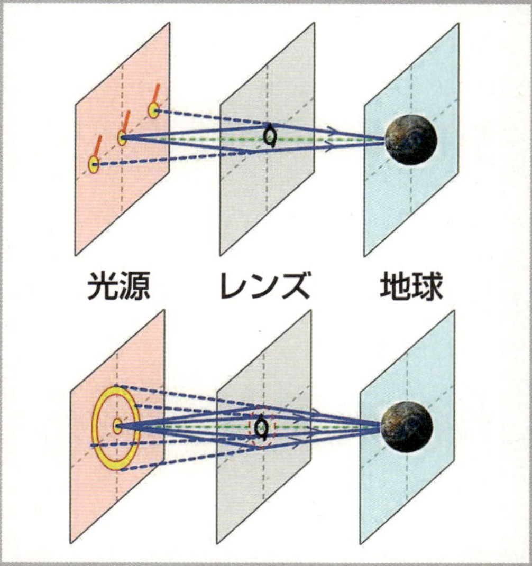

図21-3 重力レンズの仕組み

22 泡宇宙 ―宇宙の大規模構造

宇宙を遠くまで見渡したら、いったいどんな様子が見えてくるのか？　それに答えるために、「スローン・デジタル・スカイ・サーベイ（SDSS）」など、大規模サーベイが行われている。

銀河は、数百から数千集まって「銀河群」や「銀河団」を形成している。これらの銀河群や銀河団は、宇宙の中で一様に分布しているわけではなく、密な領域や疎な領域がある。さらに、この銀河群や銀河団が連なりあってできた、数億光年程度の広がりを持つ銀河団の集まりを、超銀河団とよぶ。最近のサーベイ観測によって、この「超銀河団」は、扁平なシート状の構造－グレートウォール（万里の長城）になっていることがわかった。

また、いくつかの超銀河団によって取り囲まれた、数億光年の広がりを持つ銀河のほとんど存在しない領域を、「超空洞（ボイド）」とよぶ。宇宙全体では、超銀河団と超空洞がシャボンの泡のように入り交じって、宇宙の大規模構造を形作っていることがわかってきた。

このように銀河の集団化を大規模なスケールでサーベイすること、すなわち宇宙地図を作ることは、宇宙全体の構造を調べるうえで基本的な作業である。137億年前のビッグバンのころ、物質およびエネルギーの微小なゆらぎが生まれ、そのゆらぎがどのように成長して、私たちがいま見ている宇宙が作られたのかを考えるうえで、宇宙地図は非常に重要な資料になるのだ。

（提供：国立天文台　すばる望遠鏡）

図22-1 かみのけ座銀河団

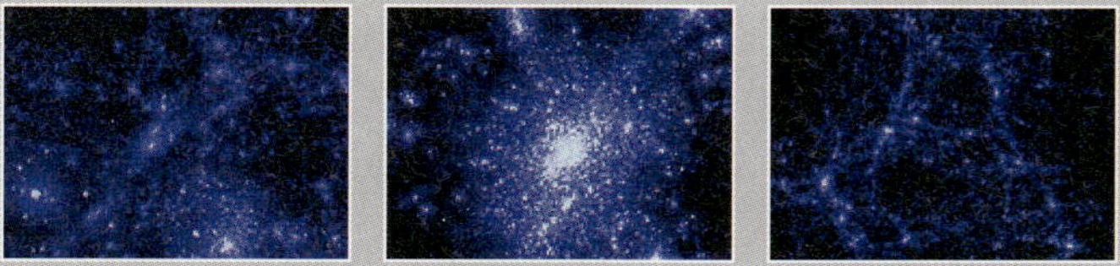

（提供：国立天文台4次元デジタル宇宙プロジェクト）

図22-2 コンピュータシミュレーションによる「宇宙の大規模構造」

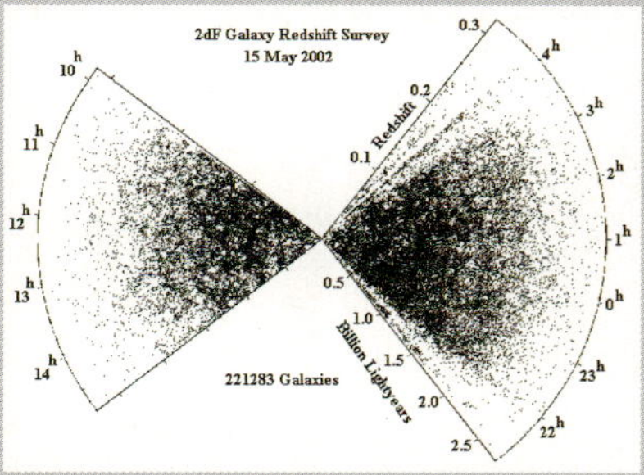

扇形の中心が地球（銀河系）で、約22万個の銀河をプロットしたもの。奥行き（半径）方向で、上の目盛りは赤方偏移、下の目盛りは距離（光年が単位）

（提供：AAO）

図22-3 2dF（2度視野角）全天探査で得られた銀河の分布

23 宇宙の暗黒時代 ―晴れ上がりと再電離

誕生したころは、宇宙全体は光（エネルギー）と物質が渾然とした高温高密度の火の玉だったが、宇宙膨張とともに火の玉の温度はどんどん下がっていった。そして、宇宙が誕生して約40万年後、宇宙が約1億光年まで広がり、火の玉の温度が約3000Kぐらいになったとき、それまで電離していた水素（陽子と電子）が結合し中性水素になった。光に対して不透明な電離水素が、光に対して透明な中性水素になったため、宇宙全体が澄み渡ったわけだ。これを「宇宙の晴れ上がり」とよんでいる。

宇宙が晴れ上がったとき、宇宙全体にあまねく存在するガス物質（大部分は水素ガス）は、一部電離していたかもしれないが、大部分は中性状態で電離していなかったはずである。確かにそういう状態は、一度はあったと考えられている。ところが一方で、現在、銀河間に存在する希薄ガスは、中性状態ではなくて、ほぼ完全に電離している。ということは、宇宙の晴れ上がり後のどこかの時点で、宇宙のガスがふたたび電離するという事態が生じなければならない。中性化したり電離したり宇宙も忙しいことではあるが、宇宙誕生後数億年ぐらいで起こったらしいこの事件を、「宇宙の再電離」とよんでいる。

中性状態の水素ガスを陽子と電子に電離するためには、外部から紫外線などでエネルギーを与える必要がある。すなわち、宇宙の再電離に先立って、星かクェーサーかはわからないが、紫外線を発する光源が存在したことになる。宇宙の再電離は、「最初の天体」の形成も意味している重大な事件なのだ。

ところで中性状態となった水素ガスは、中性水素の21cm線という電波は出すが、あまり電磁波で情報を発信しない。そのため、宇宙が晴れ上がったあと、星や銀河がたくさんできるまでの期間は、宇宙でどんな出来事が起こったかわかりにくい。その時期を「宇宙の暗黒時代」とよんでいる。

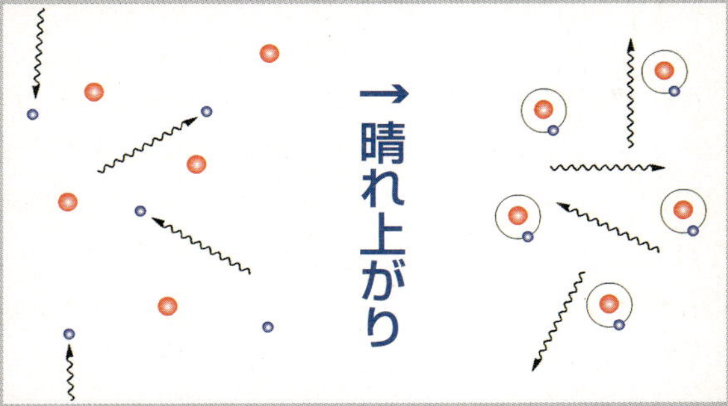

図23-1　宇宙の晴れ上がり

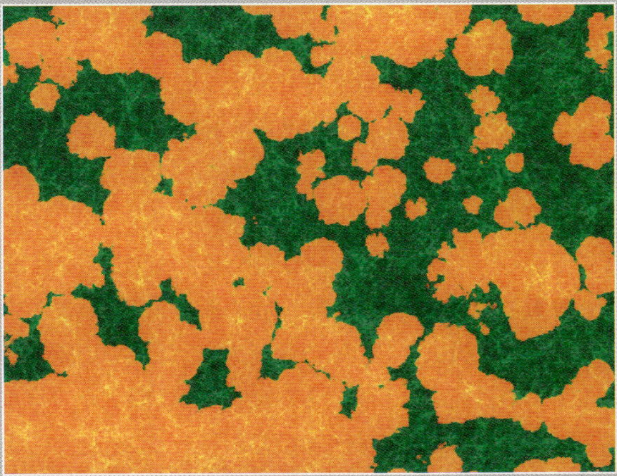

（出典：http://www.cita.utoronto.ca/~iliev/dokuwiki/doku.php?id=reionization_sims）

図23-2　宇宙の再電離が進む様子

24 宇宙の果てと始まり—ビッグバンとインフレーション

私たちの住んでいる宇宙は、いまから137億年前に誕生したと考えられている。宇宙の最初の時空の“大爆発”が「ビッグバン」だ。これは、時空そのもの誕生し膨張したもので、すでに存在していた空間の中での、ふつうの爆発とはまったく異なる。

ビッグバン宇宙論は、「宇宙の最初は、時空そのものも小さく、物質は超高温で超高密度の火の玉状態で陽子や中性子にバラバラになっていた。そして時空が膨張するにつれて、物質は冷えて核融合反応によって元素が作られていった。さらに物質が集まって、星や銀河ができていった」とするものだ。これは、相対性理論と原子核物理学という検証可能な物理学に基礎を置いたもので、①銀河が遠ざかっているハッブルの法則の発見、②高温の火の玉の残照である宇宙背景放射の発見、そして③予想通りにヘリウムなどの軽元素が存在していること、という3つの強い観測事実によって確立している。

エドウィン・ハッブルが1929年に発表した、遠くの銀河ほどわれわれから高速で遠ざかっているという観測事実、ハッブルの法則を式で表すと、銀河までの距離をr、銀河の後退速度をvとして、

$$v = Hr$$

のように表せる。このハッブルの法則で現れる“比例定数”Hは、「ハッブル定数」とよばれる定数で、宇宙の膨張の程度を表している。つまりハッブル定数は、1Mpc（326万光年）彼方での銀河の後退速度（km/s）の目安になっているのだ。現在では、ハッブル宇宙望遠鏡による遠方銀河の探査やIa型超新星の観測などから、ハッブル定数の値は、H=71 km/s/Mpc 程度だと推測されている。

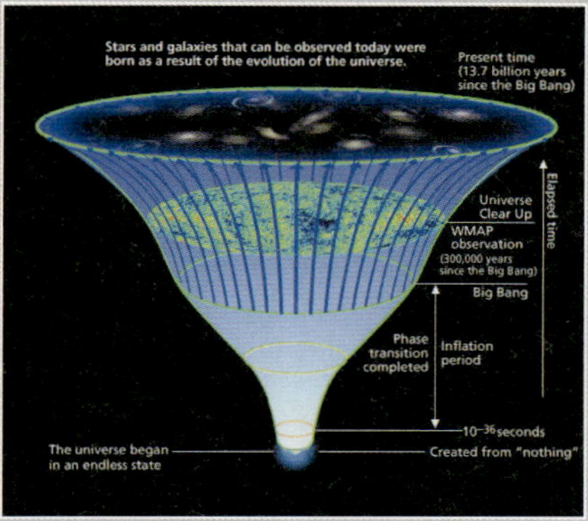

下が過去で上が現在

図24-1　ビッグバン膨張宇宙の概念図

図24-2　ビッグバン宇宙で遠くを観ると過去が見える

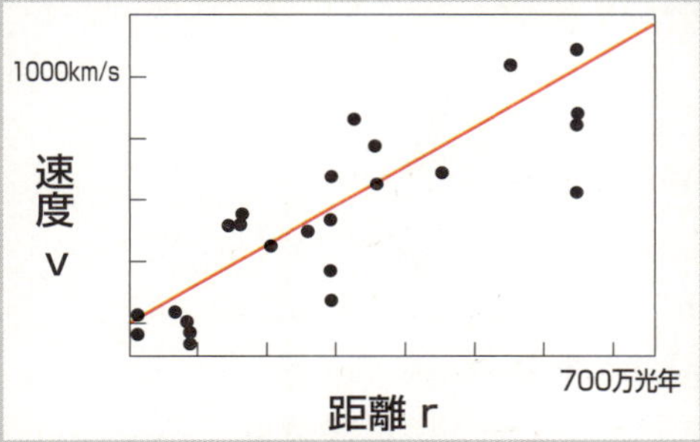

図24-3　ハッブルの法則

25 彼らはどこに？ —地球外生命の探査

第一部の最後に少し夢のある話を。地球以外の天体に存在するかもしれない生命、さらには知的生命の探索、いわば科学的な宇宙人捜しを「地球外知的生命の探査SETI (Search for Extraterrestrial Inteligenceの略)」とよんでいる。

1960年、アメリカ西バージニア州グリーンバンクにある26m電波望遠鏡が、太陽近傍にある太陽によく似た2つの恒星（エリダヌス座ε星、くじら座τ星）に向けられた。知的生命の兆候である電波信号を受信しようと試みたのだ。この「オズマ計画」が、史上初めて実行された宇宙人探査である。その後も、さまざまな宇宙

（提供：NASA）

図25-1 アレシボの電波望遠鏡

人探査計画が実施されたり、逆にプエルトリコのアレシボ電波天文台から宇宙に向けて電波メッセージを送ったり（1974年）、あるいは、パイオニア探査機やボイジャー探査機に出会うかもしれない宇宙人向けのメッセージボードを積み込んだり、さまざまな活動が繰り広げられているのだ。

従来は電波による探査が中心だったが、光検出器の性能が上がってきたため、最近では可視光（optical light）を用いたSETI、すなわち「おせち（OSETI）」も始まっている。

残念ながら、いまのところ、宇宙人が存在するという確たる証拠は見つかっていない。しかし、この広い宇宙に知的生命はわれわれしかいないのかどうかを突き止めることは、宇宙がどのよう

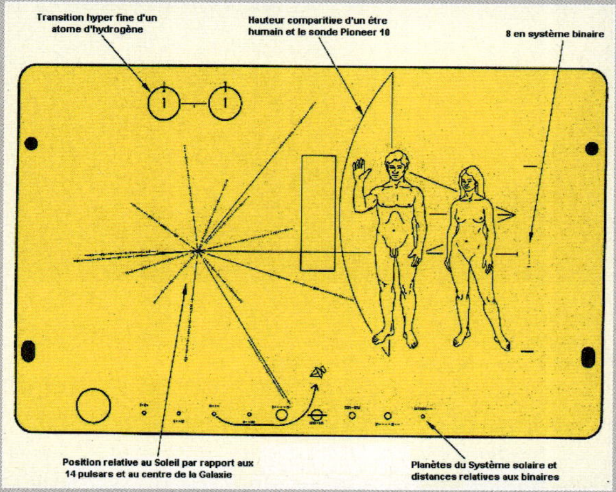

（出典：http://jcboulay.free.fr/astro/sommaire/astronomie/univers/galaxie/etoile/systeme_solaire/saturne/pioneer_10_plaque.gif）

図25-2　パイオニア10号のメッセージ銘板

に生まれ、そして進化してきたかという問題と並んで、天文学の究極の目標の1つなのである。

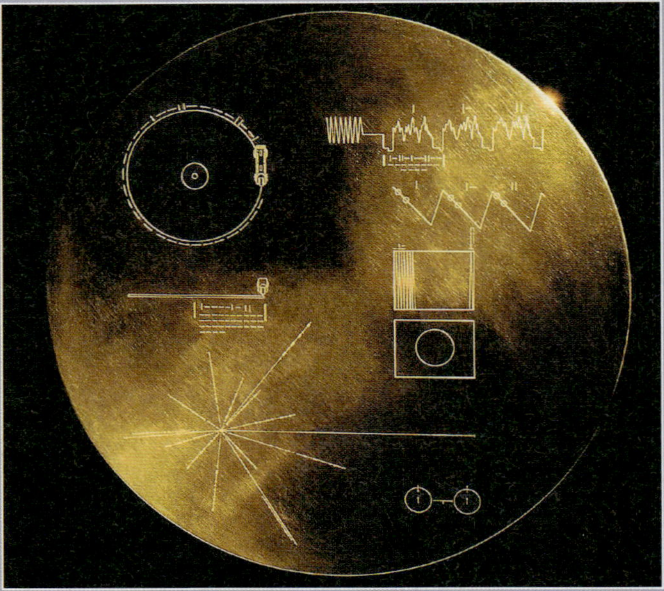

（提供：NASA）

図25-3 ボイジャー探査機のメッセージ銘板

第二部

宇宙の最前線

第二部では、宇宙に関する最新の研究成果について、第一線の研究者に語ってもらう。太陽系の起源から第二の地球探し、ガンマ線バースト、最果ての銀河への道、宇宙マイクロ波背景放射と宇宙の進化など、宇宙はいま、ここまで明らかになった！

第二部　宇宙の最前線

Part1 太陽系最前線－まだまだ未知なる太陽系

吉川 真（宇宙航空研究開発機構：JAXA）

1．新たなる大航海時代

宇宙というと想像を絶するくらい広大に広がる空間であるが、その中でもっともわれわれに近い空間が太陽系である。探査機によって、手が届く宇宙といってもよい。もっとも身近な月から、惑星、その周りの衛星、小惑星や彗星、そして太陽系の辺境領域にいたるまで、近いとはいえ、太陽系はなかなか広大だ。この太陽系であるが、最近の観測や探査の目覚ましい進展によって、その概念が大きく変わってきた。ここでは、最新の太陽系像について紹介したいが、まさに現在でも、リアルタイムで、次から次へと新しい発見の話が降ってくる。ここでの話もすぐに古くなってしまうかもしれないことは、ご了承願いたい。

2．太陽系最果ての地

最新の情報といっておいて、いきなり誰もが知っている「惑星」とはなにかという、基本の話から始めることにする。というのは、2006年8月に惑星の世界では史上初めてといってもよい出来事が起こったからだ。惑星といえば、水・金・地・火・木・土・天・海・冥と呪文のように覚えていた9個であったのだが、2006年8月、それまで約75年も惑星として親しまれてきた冥王星が、惑星から外されてしまったのである。

ここで、多くの人が初めて認識したのは、実はそもそも、「惑星の定義がない」ということであった。あまりにもあたりまえすぎて、いままでは惑星とはなにかというような定義がなかったのである。あえていえば、「惑星とは、水・金・地・火・木・土・天・海・冥の9つの天体である」というのが定義だった(図1-1)。ところが、最近の観測の進展によって、冥王星近辺に多数の小天体が見つかってきた。もちろん、小さな天体ならば、いままでも多くの小惑星が発見されているわけで特に問題にはならないのであるが、冥王星よりも大きいと思われる小天体が発見されてしまったので、一大事となったのだ。

図1-1 いままでの惑星たち

この冥王星より大きい天体というのは、もともとは2003 UB313という小惑星の仮符号でよばれていたものであるが、その軌道が正確に決まったときに、エリスという名前がつけられた天体である。その推定された直径は2400kmと、冥王星の2390kmより大きいのである（直径の値は、理科年表2007年版より）。さて、困ったことになった。発見者は、冥王星より大きいのだから、第10番目の惑星であると主張した。この主張はもっともではある。しかし、ほかにも冥王星と同程度の大きさの小天体がいくつかあることもわかってきた。第10番目の惑星を認めてしまうと、第11番目、第12番目とどんどん惑星が増えてしまう可能性がある。これではと

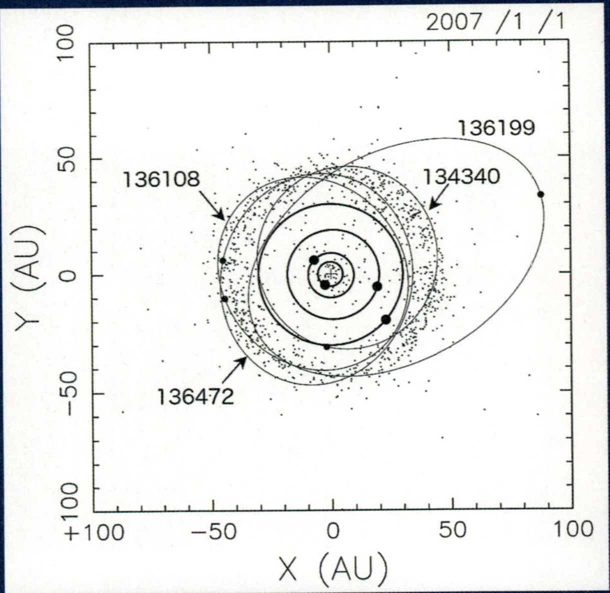

中心が太陽で、木星から海王星までの軌道と２つのdwarf planetとその候補2つの軌道（番号が書かれてもの）が描かれている。また、点は、軌道長半径が5.5AUよりも大きな小惑星（仮符号の小惑星も含む）の位置である。天体の位置は2007年1月1日のもので、黄道面に投影した図である。番号のついた軌道は以下のとおり：134340（冥王星）、136199（2003 UB313 → Eris）、136108（2003 EL61）、136472（2005 FY9）

図1-2 太陽系外縁部のようす

ても覚えきれない。

ということで、2006年８月に世界の天文学者が集まる国際天文学連合の総会にて冥王星についての議論と決議が行われ、けっきょく、冥王星は惑星ではないということに落ち着いたのである。では、冥王星はなにか？　本当は、小惑星にするのが適当だったのかもしれないが、惑星から小惑星というとどうしても“格下げ”になったという印象が強くなる。そこで、dwarf planet（日本語名は「準惑星」）という新たな分類を作り、その代表格が冥王星ということにしたのである。

いずれにしても、このような騒動が起こることになったのは、観測が進んで海王星や冥王星の軌道付近、そしてさらに遠方にかけて多数の天体が発見されてきたことによる。これらの天体は、そのような天体の存在を予言した2人の天文学者にちなんで、従来から「エッジワース・カイパーベルト天体」とよばれていたが、より一般的な名称として、ごく最近では「太陽系外縁天体」とよばれることになった。その分布の様子を図1-2に示す。

太陽系外縁天体は、太陽から30～50天文単位くらいに分布しているわけであるが、さらに1000天文単位にまで軌道が達している小惑星もいくつか発見されてきており、今後もますます太陽系の範囲は広がっていくであろう。どこまで広がるか楽しみである。

3. 小さな世界

2005年9月12日、日本の小惑星探査機「はやぶさ」が小惑星イトカワ（確定番号25143）に到着した。打ち上げられたのが2003年5月9日のことであるから、2年4か月の太陽系空間の孤独な航海に耐えた結果である（図1-3）。

小惑星イトカワに近づく「はやぶさ」(イメージ図、池下章裕氏による)。背景のイトカワは実際の写真

小惑星イトカワにタッチダウンする「はやぶさ」(イメージ図、池下章裕氏による)
(提供：池下章裕)

図1-3 小惑星イトカワを探査する「はやぶさ」

「はやぶさ」の向かった小惑星イトカワのもっとも大きな特徴は、その大きさがたった535mくらいしかないことである。このような小さな天体にいままで探査機が行ったことはなかった。太陽系天体の探査というと、まずは惑星の探査である。すべての惑星には、すでに探査機が到達している。惑星の次には、惑星の周りの衛星や、小惑星や彗星というものが注目されるわけであるが、たった500mくらいしかないような天体に、わざわざ探査機を送ろうということにはならなかったのだ。そのすき間を日本の「はやぶさ」が狙ったわけであるが、実は最初から小さい天体を積極的に狙ったわけではない。打ち上げるロケットや探査機の軌道変更の能力によって到達できる天体が限られてしまい、その1つがイトカワだったのだ。しかし、それが予想外に惑星科学に大きな進展をもたらすことになったのだから、まさに科学の“セレンディップ”（掘り出しもの）の典型であろう。ちなみに、「はやぶさ」はイトカワの表面物質を採取して地球に持って帰ろうとする、野心的なミッションでもある。

その「はやぶさ」のタッチダウンであるが、まさに死闘とでもいえるものであったが、ここではその詳細は省略する（たとえば、吉田武『はやぶさ　不死身の探査機と宇宙研物語』（幻冬舎）を参照）。ただ、1つだけ強調しておきたいことは、太陽系天体に着陸した探査機はたくさんあるものの、地球と月以外の天体から離陸した探査機は「はやぶさ」が世界初であることだ。「はやぶさ」は2007年3月の時点では、地球に帰還すべく運用が続いている。

さて、その小惑星イトカワの姿が明らかになったとき、誰もがはっと息を飲んだ。この小さな天体は、まったく想像していたものと違った姿をしていたのである。小惑星というとお決まりのように窪み（クレーター）に覆われていると思っていたわけであるが、一見するとまったくクレーターがないのである（図1-4）。クレーターがないどころか、その表面は大小無数の岩塊で覆われていた。これは、日本が惑星探査の分野で、世界に先駆けて成し遂げた発見である。

クレーターは少なく、でこぼこした岩で覆われている。右側の部分（頭）と左側の部分（胴体）の間の部分に平らな場所があるが、ここが「はやぶさ」の着陸地点となった　（提供：宇宙航空研究開発機構/JAXA）

図1-4　「はやぶさ」が撮影したイトカワの写真

図1-4に示されたイトカワの姿は、いままでの小惑星のイメージとは大きく異なっていることがわかるであろう。表面は、そのほとんどが岩塊で覆われ、ごく一部の地域が平らになっているだけである。平らなところは、直径が1cm以下くらいの粒の小さいジャリで覆われていることもわかっている。全体の形がラッコに似ているので、イトカワをよくラッコにたとえた表現をするのであるが、ラッコの首のところにあたる平らな領域（ここを「はやぶさ」チームでは、「ミューゼスの海」と名づけたが、正式に認められた名称は「ミューゼスC」となってしまった。英語での発音は同じなのであるが）に、「はやぶさ」がタッチダウンを試みることになる。

イトカワについてこれまでわかったことは、表面物質は普通コンドライトと呼ばれる隕石に近い物質で密度が3.2g/cm^{3}程度あるのに、実測されたイトカワ自体の密度が1.9g/cm^{3}と小さいことだ。つまり、イトカワは全体がびっしりと隕石物質でできているわけではなく、内部がかなり空洞になっているのか、あるいはむしろ、

“瓦礫の集合体”のようになっている可能性が高いことになる。このことは、このような小さな天体がどのように形成されたのかを考えるうえで、非常に重要なことだった。図1-5に、現在考えられているイトカワの形成のシナリオを示す。

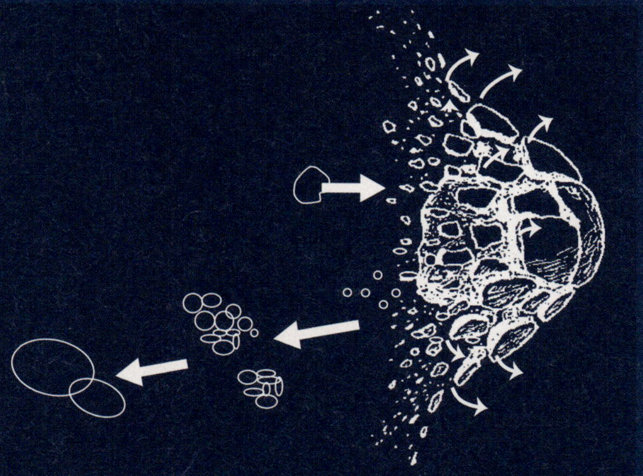

イトカワの母天体は小惑星帯の内側の縁にあったが、衝突によって壊れて、その破片の一部が互いの重力によって2つの天体へと集積した。これら2つの天体は、たがいの周りを回る連星となっていたが、それらが合体して現在のイトカワが生まれた（藤原顕氏の図にもとづいて作成）

図1-5 イトカワの形成シナリオ

小惑星イトカワは地球にも接近する天体であり、場合によっては衝突の可能性すらある。地球に衝突する可能性のある天体はほかにもたくさんあるが、天体の地球衝突をいかにして避けるかを考える活動のスペースガードにとっても、イトカワの情報は重要なものとなっている。

4. 注目される太陽系小天体

注目されているのは、イトカワだけではない。このところ太陽系の小天体に対するおもしろいミッションが立て続けに行われている。2000年には、アメリカのニア・シューメイカー探査機が、小惑星エロスに到着し、約1年間に渡ってその周りを周回し、詳細な観測を行ったのだ（図1-6）。最後には、当初の予定外であったのであるがエロスの表面に着陸してしまったので、小惑星に初めて着陸したという栄誉はアメリカに取られてしまったが。エロスは、大きさが約38kmあり、イトカワと比べて非常に異なる。

ニア・シューメイカー探査機が撮影した小惑星エロスの写真。細長い形状をしており、差し渡しが38kmほどある。表面には、多数のクレーターが見られる（提供：NASA/JPL）

図1-6 小惑星エロス

また2004年1月には、アメリカのスターダスト探査機がビルト第2彗星のすぐそばを通過して、彗星から放出された塵を採取し、それを2006年1月に地球に持ち帰った（図1-7）。その塵の分析により、低温の星間雲の中で形成されたと考えられる有機物や、逆に2000℃以上の高温状態で形成される鉱物が発見されている。これらのデータは、彗星の起源を考えるうえで非常に興味深い。

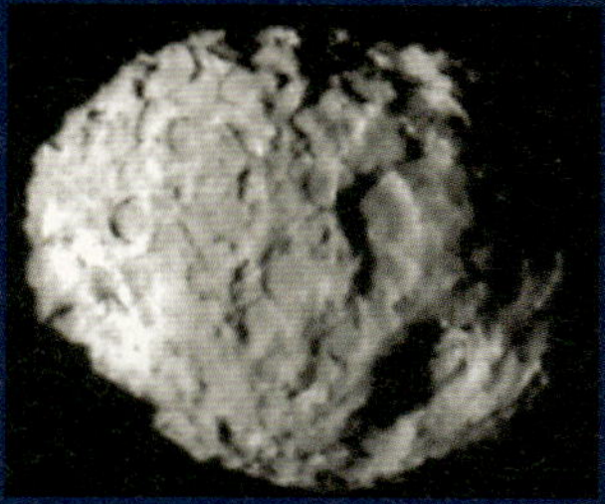

スタ一ダスト探査機が撮影したビルト第２彗星。大きさは約5kmほどである
（提供：NASA/JPL）

図1-7 ビルト第2彗星

さらに2005年7月には、アメリカのディープ・インパクト探査機をテンペル第1彗星に衝突させるという試みが行われた。この探査機は2つに分かれて、1つが彗星本体に衝突し、もう1つはそれを観測するというものであった。衝突したほうは衝突直前までの画像を刻々と地球に送ってきたし、観測をするほうは衝突の瞬間を逃すことなく撮影した（図1-8）。また、地上の天文台や軌道上の望遠鏡からも観測が行われた。これらの観測結果を解析することで、彗星を構成する物質や内部構造などを推定する研究が行われている。

以上に続いて、2005年9月に「はやぶさ」がイトカワの画像を送

衝突してから67秒後の彗星とその周りの様子。多数の塵が放出されたことがわかる
（提供：NASA）

図1-8 衝突後のテンペル第1彗星

ってきたわけである。まさにここ数年で、太陽系小天体についての知識が飛躍的に増大した。そして、今後も、太陽系小天体に向けたミッションが数多く検討されている。日本も「はやぶさ」に続く後継機の検討を行っているし、「はやぶさ」に刺激されたヨーロッパやアメリカの研究者もいろいろな構想を出してきている。アメリカでは、小惑星に人を送るというミッションも真剣に検討され始め、今後の展開に目が離せない。これら小惑星の分布を図1-9に示そう。

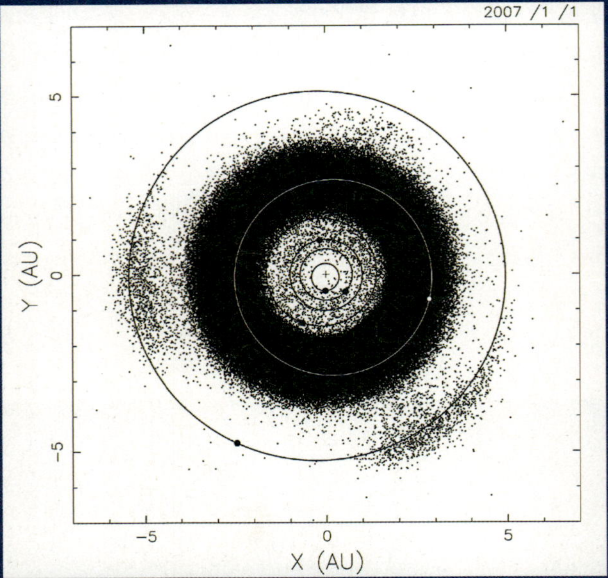

太陽から木星軌道付近までの小惑星の分布。この図では、軌道が算出された約35万個の小惑星の2007年1月1日の位置がプロットされている。数が多いために小惑星帯が真っ黒になっているが、小惑星帯の中に白抜きで描かれている軌道は、小惑星の中で最初に発見されたケレスである

図1-9 小惑星の分布

5. 惑星もまだまだ目が離せない

彗星や小惑星といった太陽系小天体について先に書いてしまったが、惑星も探査が終わってしまったわけではない。むしろ逆で、探査が進むにつれて、ますますおもしろくなってきた。そのなかでも最近大きく進展したものといえば、カッシーニ探査機による土星系の探査と、いくつもの探査機による火星探査だろう。

カッシーニ探査機は、アメリカとヨーロッパが共同して1997年に打ち上げたもので、約7年かけて2004年に土星に到着した。土星本体や環の美しい写真（図1-10）を多数送ってきたほか、多くの土星の衛星にも接近して、イトカワに劣らないくらい奇妙な天体が土星の衛星として存在していることをわれわれに教えてくれた。図1-11には、その一例として土星の衛星ハイペリオンの写真を示す。

カッシーニ探査機によって撮影された土星の環。土星の昼間側には環の影が土星本体に落ちているし、土星の夜側では土星の影が環にかかっている（提供：NASA/JPL）

図1-10 土星の美しい環

カッシーニ探査機が撮影したハイペリオンの素顔は、クレーターだらけだった。大きさは360kmほどである
（提供：NASA/JPL）

図1-11 土星の衛星ハイペリオン

イトカワとは正反対にクレーターだらけの表面である。

そして、カッシーニのハイライトは、なんといっても衛星タイタンに着陸機が着陸したことである。着陸は2005年1月に行われた。タイタンには、濃い大気があるのであるが、その大気の下の表面の画像を見ると、あたかも川と湖のように見える地形がある（図1-12）。タイタンの表面は－180℃と推定されているのでもちろん水は液体では存在しえない。液体があるとすれば、メタンかエタンでないかといわれている。タイタンでは、メタンやエタンの雨が

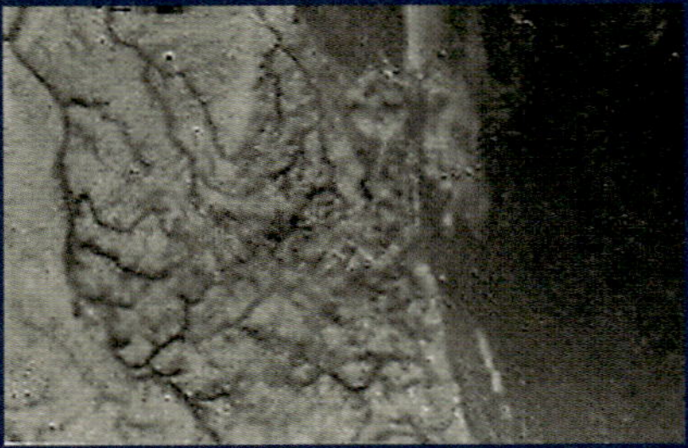

カッシーニから切り離されたホイヘンスと呼ばれる着陸機がタイタンに着陸したが、その途中で撮影された写真である。川のような地形と湖のような地形が見られる
（提供：ESA）

図1-12 タイタンの表面のようす

降ってそれが川となって湖に流れ込んでいるのであろうか？　まだはっきりしていないことが多いようであるが、地球とは別世界であることは確かであろう。

次は火星であるが、火星の話に入る前に、現在行われているほかの探査をまとめておこう。まず金星についてであるが、ヨーロッパがビーナスエクスプレスという探査機を2006年に送っている。おもに大気の観測を行っており、その動きを示す多数の写真を撮影しているのだ。水星については、まだ飛行中であるが、2004年にアメリカが打ち上げたメッセンジャーという探査機がある。水星到着予定は、2011年ということである。

金星や水星については、日本も探査機を送る計画を持っている。金星のほうは、日本独自で探査機を打ち上げるもので、PLANET-Cというミッション名がつけられている。打ち上げは2010年の予定で、半年後くらいには金星に到着して観測を開始する予定である。水星のほうは、ヨーロッパとの協力で、BepiColomboというミッションを進めている。これは、打ち上げ時には1つの探査機なのであるが、水星に到着するとヨーロッパの探査機と日本の探査機の2つに分離して、2機が水星の周りを周回することになる。打ち上げは、2013年くらいの予定で、6年ほどかかって水星に到着する。

地球に近いこれらの水星や金星も、まだまだ興味深い対象なのである。というのも、そもそも水星には、1974年から75年にかけてマリナー10号が合計3回フライバイしただけであり、水星の全面の写真はまだ撮影されていない。まだ、あまりよくわかっていないのだ。一方、金星のほうは、本体の自転周期が約243日と非常に遅いのに、金星を取り巻く大気は約4日で金星の周りを一回りしている。地球でいえば、1日で自転している地球の周りを、たった30分弱で気流が回っている割り合いになる。この金星の超高速の大気流を「スーパーローテーション：超回転」とよぶが、そのメカニズムはまだ謎であり、惑星気象を研究するためにも重要である。

もう1つ忘れてはならないのが、ニュー・ホライズンズというミッションで、これは2006年にアメリカが打ち上げたものであるが、目的は冥王星探査である。冥王星は、惑星の分類から外されて準惑星となったが、太陽系初期の情報を持つ天体として非常に興味深い。冥王星到着は2015年ということであるが、いまから非常に楽しみである。

6．生命探査の本命、火星

さて、近年、もっとも多くの探査機が行っている天体が火星である。1990年代後半から、アメリカが打ち上げた火星探査機を並べてみても、マーズ・グローバル・サーベイヤー（図1-13、1996年打ち上げ）、マーズ・パスファインダー（1996年打ち上げ）、マーズ・クライメット・オービター（1998年打ち上げ：軌道投入失敗）、マーズ・ポーラー・ランダ（1999年打ち上げ、着陸失敗）、マーズ・オデッセイ（2001年打ち上げ）、マーズ・エクスプロレーション・ローバー（スピリットとオポチュニティーの2機、両方とも2003年打ち上げ）、マーズ・リコネッサンス・オービター（2005年打ち上げ）と8機ある（うち2機が失敗）。日本でも火星探査機「のぞみ」を1998年に打ち上げたのであるが、トラブルにより2003年末に火星軌道投入を断念した。ヨーロッパは、マーズ・エクスプレスを2003年に打ち上げたが、衛星本体は火星周回軌道に投入することに成功したが、着陸機は失敗した。そして、さらに今後も火星探査機の打ち上げは続くのである。

これだけ火星が注目されている理由は、第一にかつてその表面に液体の水があった可能性が高く、そうすると生命の存在が期待されるからである。まだ、地球外の生命というものは、はっきりと確認されていない。したがって、もし火星で、生命なり生命の痕跡が確認されれば、それが地球の生命と似ていたとしても異なっていたとしても、科学に与える衝撃は非常に大きなものとなる。生命の起源はなにか、さらには生命とはなにかという問題に直結してくるからである。

もう1つの理由は、火星への有人探査ということも火星が注目されている理由である。1960年代のアポロ計画で、人類は月面には立てた。その後、月はあまり注目されなくなってしまったのであるが、ふたたび月に人類を送って、月面上にある程度長期間滞在できるような基地を作ろうという動きがでてきた。これは、宇宙ステーションの次の宇宙での人類の活動を月に求めようとするものである。さらに、その月有人飛行の次にくるのが、火星への有

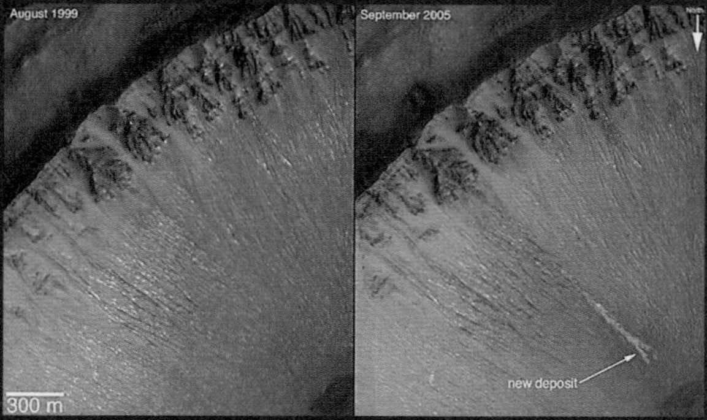

マーズ・グローバル・サーベイヤーによって撮影された写真。左は1999年８月に、右は2005年9月に撮影された。なにかが流れたような跡がはっきりと見える　（提供：NASA/JPL/Malin Space Science Systems）

図1-13 火星のクレーターに起こった変化

人飛行なのである（ただし、前述した小惑星への有人飛行のほうが火星よりも先になる可能性は高いが）。

これだけ火星に探査機が送られているので、その表面の様子は非常にくわしくわかってきた。水が流れた跡のような地形は多数発見されているが、それに加えて、つい最近に水が流れたのではないかという地形も発見されており、おおいに注目されている。図1-13がその例で、これはマーズ・グローバル・サーベイヤーで撮

火星に降り立った探査車（ローバー）のイメージ図。スピリットとオポチュニティーと名づけられた2台のローバーが火星表面を動き回った

火星表面のようす。火星探査車スピリットが最初に撮影した火星のカラー写真

（提供：NASA/JPL）

図1-14 アメリカによる火星探査：マーズ・エクスプロレーション・ローバー・ミッション

影されたものであるが、6年間の間に火星の表面に起こった変化である。もしこれが水によって作られたとすれば、火星の地下には現在でも水が存在することになる。火星の表面については、2台の探査車（ローバー）がかなり細かい探査を行っているが（図1-14）、これからは表層だけでなく、火星の地下を探るミッションが興味深い。

火星について1つだけ日本として残念なことは、前述した火星探査機「のぞみ」である。「のぞみ」は、日本初の本格的な惑星探査ミッションであったが、1998年の打ち上げ後、数々のトラブルに見舞われて、けっきょく、2003年12月に火星の側に接近するものの、その周回軌道には乗ることができずに、ミッションを終了した。現在は、その位置は追跡されていないが、火星と似た軌道をとってひっそりと太陽の周りを回っていることであろう。ただし、この「のぞみ」のミッションはたんなる失敗ではなかった。あまり語られることがないが、その工学的な成果はドラマになってもおかしくないものであり、その経験がのちの探査機「はやぶさ」に引き継がれているのである。

7．ふたたび、月へ

この章の最後に、もっとも地球に近い天体である月に話を戻そう。月は惑星以上にあたり前の存在かもしれないが、人類が地球以外に唯一訪れたことのある天体であり、地球周回の宇宙ステーションの次に人類が進出していくことのできる宇宙である。ということもあって、ふたたび月が注目されることになった。

月に人類を送ったアポロ計画が1970年代初めに終わると、それ以降、しばらくの間、月は探査の対象からは遠のいてしまった。月の表面についてはある程度の探査ができたことと、われわれの目が、もっと遠くへ向いてしまったためだ。しかし最近になって、また月探査が始まっている。たとえば、最近の月ミッションとしては、アメリカでは、クレメンタイン探査機が1994年に、またルナ・プロスペクタ探査機が1998年にそれぞれ月周回軌道に打ち上げられた。また、ヨーロッパでは、スマート1という初めての月探査機を2003年に打ち上げており、2006年9月には月面に衝突させてミッションを終了させている。

あまり知られていないかもしれないが、これらの探査機以前に、日本はすでに月には探査機を送っている。それは1990年に打ち上げられた「ひてん」という衛星で、重力を使った軌道制御（スイングバイ）を習得することや月周回軌道に衛星を投入することを行っ

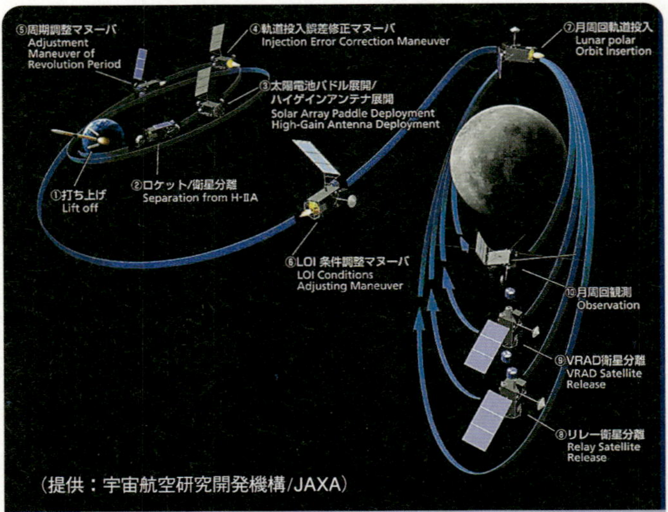

図1-15 セレーネの飛行イメージ

ている。最終的には、「ひてん」を月面に衝突させてミッションを終了している。

そして、いよいよ2007年には、日本の月ミッション「SELENE（セレーネ）」が打ち上がる予定である。SELENEは14種もの科学観測機器を積んだ本格的な月探査衛星で、月全域について、元素・鉱物分布、地形・表層構造、重力分布、磁場分布、環境などについてこれまでにない高い精度で観測を行うことを目指している。このことで、月の起源と進化を調べるのである（図1-15）。

日本ばかりではない。月には中国やインド、アメリカと続けて探査機が打ち上げられる予定である。中国のミッションは、嫦娥（中国語読みで「チャンガー」）とよばれ、やはり2007年打ち上げ予定である。インドのミッションはチャンドラヤーン１号で、打ち上げは2008年の予定である。また、アメリカはルナー・レコネッサンス・オービター（LRO）を2008年に打ち上げ予定である。まさに月探査ラッシュの状況になりつつあるのだ。これらの探査機は物理学のための観測をするのが主ではあるが、将来の有人月ミッションをにらんだものになっている。準備が整ってふたたび人類が月面に立つのは、2010年代後半か2020年代になるのであろうか。

8. 人類の活動の場としての太陽系

ここでは、惑星探査というものを中心に太陽系について最新の状況をまとめてみた。太陽系探査も、至るところに探査機が飛んでいる状況で、すごいことになってきていることが分かってもらえたことと思う。もちろん、探査のように実際に出かけていくだけではなくて、地上からや人工衛星からの太陽系天体の観測も多くなされており、成果を上げている（図1-16）。冥王星が惑星でなくなったのも、探査ではなくて地上からの観測によってであった。今後も、探査と観測との相乗効果によって、われわれの太陽系の謎がどんどん解き明かされていくことであろう。そして、太陽系が、人類の活動の場となることも、そう遠い未来のことではないのかもしれない。

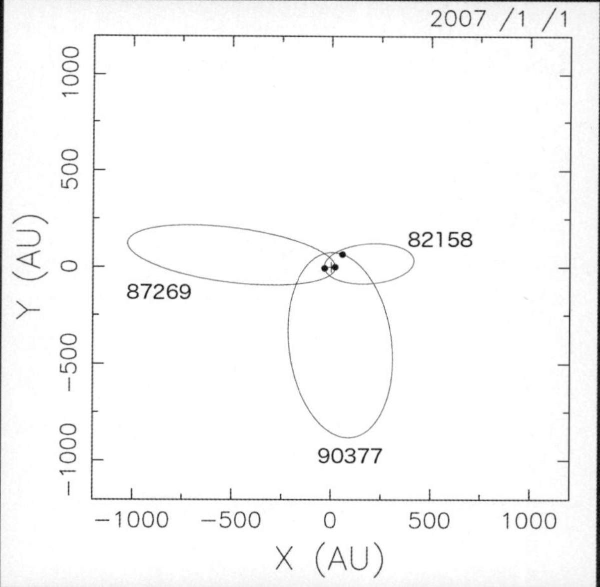

最近の観測で、小惑星でも非常に大きな軌道を持つものが発見されている。そのうち、確定番号がついた3つの小惑星の軌道を示す。90377の小惑星には、セドナという名前もつけられており、遠日点距離は1000天文単位、公転周期は約1万年である。彗星ならば、より遠方まで軌道が延びているものが多数知られているが、小惑星としても、このような天体が発見されるようになった。ただし、本当はこれらの天体も彗星なのかもしれない

図1-16 非常に大きな軌道を持つ小惑星

第二部　宇宙の最前線

Part 2 太陽系起源論最前線－太陽系誕生の新しいシナリオ

小久保英一郎（国立天文台）

1. 太陽系の起源の謎

太陽系には、太陽に近い順に水星、金星、地球、火星、木星、土星、天王星、海王星の、個性豊かな8個の惑星がある。これらの惑星の個性や起源は、どのように説明されるのだろうか。太陽系は、宇宙空間に漂うガスとダスト（固体微粒子）から誕生したと考えられている。太陽系形成は、数十億年にわたる時間スケール、数十天文単位におよぶ空間スケールで繰り広げられる、ガスとダストから惑星への壮大な進化の物語だ。固体惑星の材料となるダストから惑星まで、構成粒子のスケールはμ（マイクロ）mから数万kmにまでおよぶ。

歴史的には、カントやラプラスそしてジーンズらが太陽系の起源について考察していたが、現代天文学としての太陽系形成の基礎的な枠組は20世紀後半、旧ソビエト連邦のサフロノフや京都大学の林研究室によって考案された。彼らは、実際に観測することが不可能だった惑星系形成過程を、天体現象の素過程を理論的に解明しそれを積み上げることによって描き出そうとしたのだ。その後も多くの研究者が、より自然な太陽系形成シナリオの構築に努力してきている。特に最近では、スーパーコンピュータを用いた大規模シミュレーションによって、文字通りコンピュータの中に原始太陽系を再現して、実験的に惑星系形成過程が調べられ、大きな成功を収めている。ここでは最新の太陽系形成シナリオの基本的な枠組を紹介しよう。

2. 惑星の種類と太陽系の構造

太陽系の起源を考える前に、起源を考えるうえで鍵となる現在の太陽系の特徴を簡単にまとめておこう。

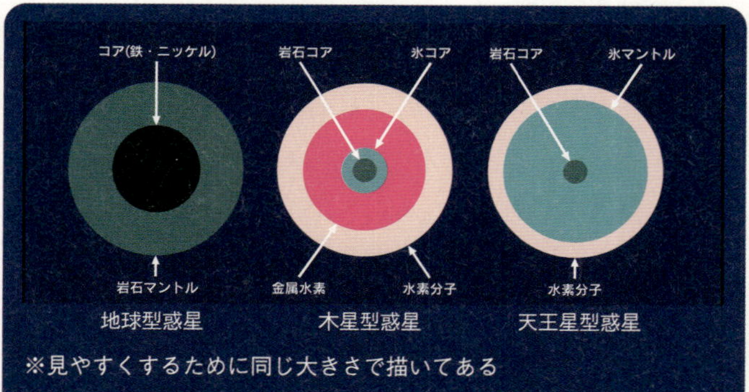

※見やすくするために同じ大きさで描いてある

図2-1　地球型惑星、木星型惑星、天王星型惑星の断面の模式図

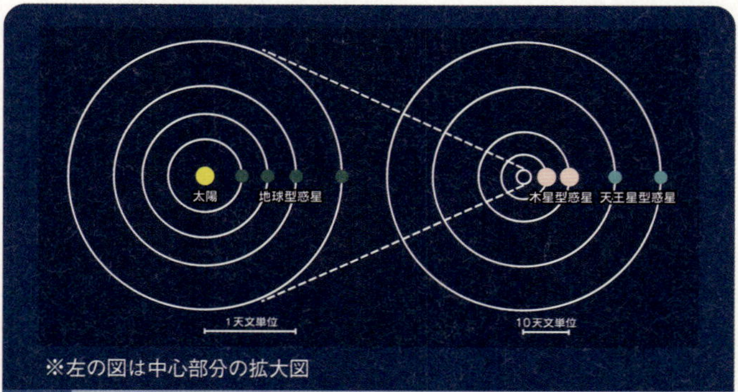

※左の図は中心部分の拡大図

図2-2　太陽系の概念図

惑星の種類	地球型	木星型	天王星型
別名	岩石惑星	巨大ガス惑星	巨大氷惑星
存在範囲［天文単位］	0.4-1.5	5-10	20-30
質量［地球質量］	0.1-1	100	10
主成分	岩石，鉄	水素，ヘリウム	水，メタン，アンモニア

表2-1 惑星の分類

太陽系には内側から外側へ向かって、地球型惑星（岩石惑星）、木星型惑星（巨大ガス惑星）、天王星型惑星（巨大氷惑星）の3種類の惑星がある（図2-1、図2-2、表2-1）。水星、金星、地球、火星は「地球型惑星」で、岩石質の惑星だ。木星と土星は「木星型惑星」で、質量のほとんどはガス成分である。ガスの主成分は水素とヘリウムになる。天王星と海王星は以前は木星型惑星と分類されていたが、最近は「天王星型惑星」と分類されている。というのも、天王星型惑星のガス成分は質量の約10%くらいしかなく、質量のほとんどは氷（水、メタン、アンモニアを主成分とする混合物）になっているからだ。なお、冥王星は2006年に、惑星の分類から外されて、太陽系外縁部に多数存在する「太陽系外縁天体」の1つと分類されることになった。さらに太陽系外縁天体以外にも、太陽系には小惑星や彗星といった小天体が無数に存在する。

惑星の軌道には、共通の特徴がある。軌道はほぼ円軌道で、軌道離心率はほぼ0.1以下になっているのだ。また、軌道面はおおむねそろっていて、太陽系の不変面（惑星の公転運動などをもとに算出した太陽系の基準平面）に対する軌道傾斜角はほぼ6°以下となっている。つまり、惑星の軌道はほぼ同一平面内にあって、太陽を中心とする同心円だと考えてよい（図2-2）。そしてすべての惑星は、軌道上を同じ方向に公転運動しているのである。

また、惑星の総質量は太陽質量の約1/1000倍しかない。そしてそのほとんどは、木星型惑星に集中している。一方、惑星の軌道角運動量の大きさは太陽の自転角運動量の約190倍にもなる。つまり、太陽系では質量は太陽に集中し、回転の角運動量は惑星に集中しているわけだ。

まとめると太陽系の惑星系の構造は図2-2のようになっている。このような太陽系の特徴を自然に説明できる形成シナリオとは、どのようなものだろうか。

3．太陽系形成の標準シナリオ

現在の太陽系形成の標準シナリオの2大基本概念は、

①惑星系は中心星に比べて小質量のガスとダストからなる星周円盤から形成される

②ダストから微惑星とよばれる小天体が形成される。その微惑星が集積して固体惑星が形成される。その後、ガスを捕獲することによってガス惑星が形成される

というものだ。このうち①は、太陽系の質量の太陽集中と角運動量の惑星集中、惑星軌道がほぼ同一平面内にあるという事実から自然に推測される。この太陽系の母胎となる星周円盤は、原始太陽系円盤あるいは原始惑星系円盤などとよばれる。また②は、地球型惑星と天王星型惑星はもちろんのこと、木星型惑星でも、重元素の存在比が太陽での存在比より大きなことから要請される。

図2-3に、原始太陽系円盤から太陽系が形成されていく概念図を示す。正確にいうと惑星形成は、太陽系の内側ほど速く進むために外側ほど形成段階が遅れるが、この図では簡単のためすべての

領域で同時に惑星形成が進むように描いてある。太陽系形成の全体の流れをつかむために、まずシナリオの概要を説明しよう。

(1) 原始太陽の周りにガスとダストからなる原始太陽系円盤が形成される

(2) ダストの集積によって微惑星が形成される

(3) 微惑星の衝突合体によって原始惑星が形成される

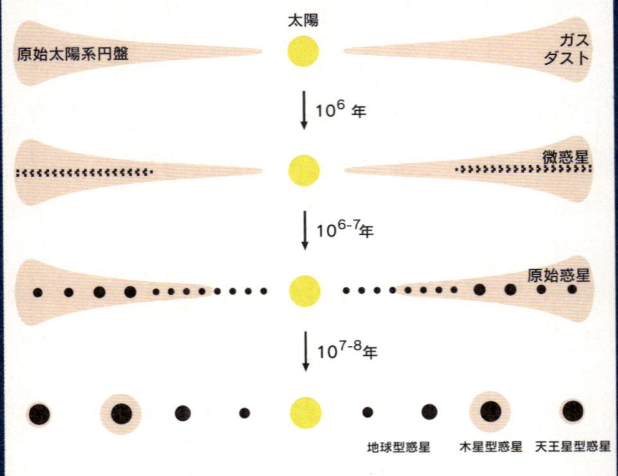

矢印の横の年数は、進化の時間スケールを示す

図2-3 太陽系形成標準シナリオの概念図

(4) 地球型惑星は原始惑星の衝突合体によって形成される。原始惑星が原始太陽系円盤からガスをまとうことによって、木星型惑星と天王星型惑星は形成される

以下では、太陽系形成の初期条件となる原始太陽系円盤とはどのようなものかを簡単に紹介し、それから太陽系形成のそれぞれの段階についてくわしく見ていくことにしよう。

4. 第1段階：原始太陽系円盤

「原始太陽系円盤」は、太陽形成の副産物として形成される星周円盤である。恒星は、星間雲が自身の重力によって収縮することで形成される。星間雲には、太陽の前世代の恒星で合成され、そ

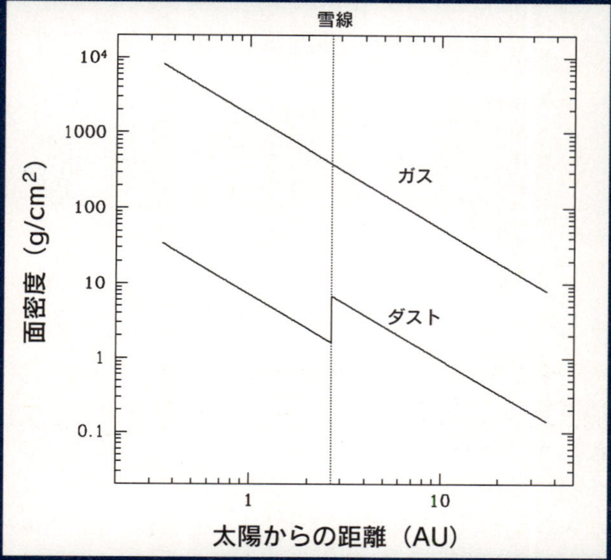

図2-4 原始太陽系円盤の標準モデルの面密度分布

の最後に星間空間に放出された重元素からなるダストが含まれている。収縮するときに星間雲の角運動量は保存されるので、自然に中心星とその周りの回転する円盤という構造が形成されることになるのだ。

原始太陽系円盤の標準モデルは「最小質量円盤モデル」とよばれる。これは、現在の太陽系の固体成分を適当にならし、太陽からの距離のべき乗で減少する分布で近似してダスト成分とし、ガス成分は同じ分布で質量がダストの約100倍存在する、としたものだ（図2-4）。このとき、ダストやガスの面密度（単位面積あたりの

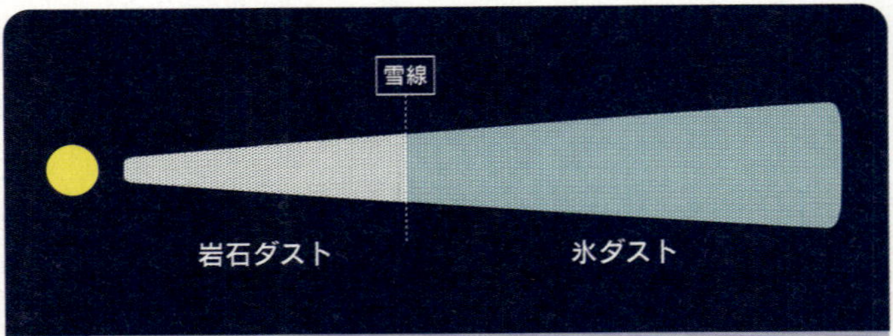

図2-5 ダスト分布の概念図

質量）は、太陽からの距離の$-\frac{3}{2}$乗に比例することになる。またガスとダストの質量比100は星間雲での典型的な値だ。この最小質量円盤モデルでは、円盤の総質量は太陽質量の約$\frac{1}{100}$倍になる。

ガスの主成分は水素とヘリウムである。ダストの主成分は、雪線の内側では岩石質、外側では氷質となる（図2-5）。この雪線とは円盤の温度が水の凝縮温度（この場合、絶対温度170度）になる場所で、標準モデルでは太陽から約3AUのところになる（AUは天文

単位で、1AUは約1億5千万km)。雪線の内側では太陽に近いため円盤の温度が高く氷は存在できない。雪線の外側では氷があるために、ダスト成分が増えることになる。あとで見るように、この太陽からの距離によるダスト組成の違いが、岩石惑星である地球型惑星と巨大氷惑星である天王星型惑星の組成の違いにつながっていくのだ。

1980年代以降、観測技術の進歩によって、多くの若い星の周りに、実際に標準モデルに近いような原始惑星系円盤が存在することが確かめられている(図2-6)。

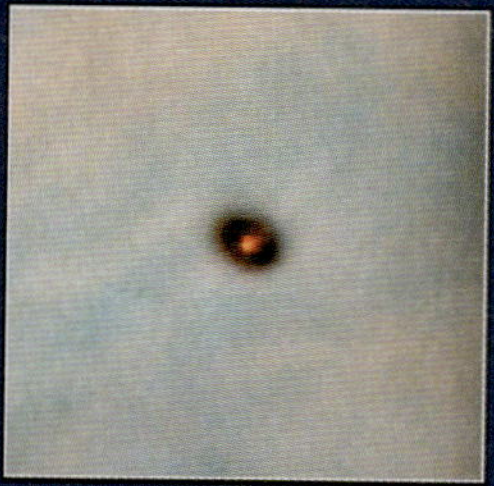

図2-6 オリオン星雲M42で発見された原始惑星系円盤

5. 第2段階：ダストから微惑星へ

原始太陽系円盤内のダストから、固体惑星の材料になる微惑星が形成される。ダストは衝突合体して成長するが、サイズが数km以上に成長したダスト塊を慣例で「微惑星」とよんでいる。

ダストから微惑星を形成するには、ダスト層の重力不安定とダ

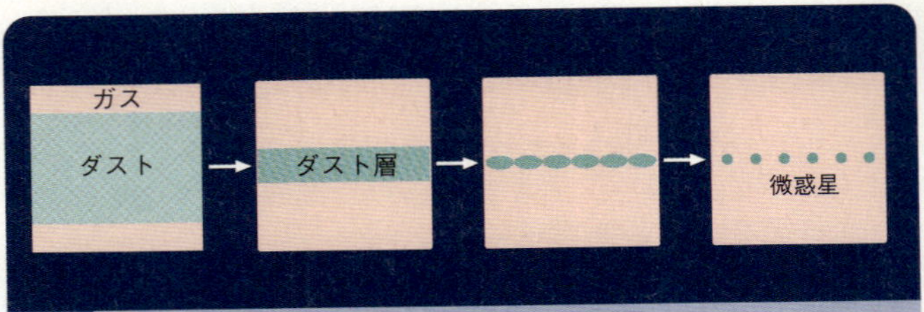

図2-7 ダスト層の重力不安定による微惑星形成の模式図

ストの段階的付着成長の2つのシナリオが考えられているが、ここではより標準的な重力不安定シナリオを紹介しよう（図2-7、段階的付着成長シナリオについてはあとで触れる）。

ダストは太陽重力の鉛直成分に引かれ原始太陽系円盤の中心面に集まり、ダスト層を形成する。円盤内のガスの乱流が弱くなるにつれて、ダストは落ち着きダスト層の密度は大きくなる。そしてダスト層はある臨界密度を越えると、ダスト層が自分自身で引き寄せ合う自己重力が、回転の効果やランダム運動（圧力に相当する）によってバラバラになろうとする効果よりも大きくなる。その結果、ダスト層は重力的に不安定になり、密度の濃い部分ができるとどんどん成長して、多数の塊に分裂してしまう。これらの分裂したダスト層が収縮して微惑星が形成される。

このような重力不安定の場合、微惑星の質量は簡単な解析によって見積もることができて約10^{15}〜10^{18}kgとなり、その大きさは数kmから数十kmとなる。さらに太陽系全体では微惑星の総数は数百億個にもなるだろう。そして微惑星の組成は、ダストの成分を反映して、雪線の内側では岩石質、外側では氷質となる（図2-8）。なお、微惑星形成の時間スケールは、円盤ガスの乱流の減衰の時間スケール（数十万年と見積もられている）くらいになる。

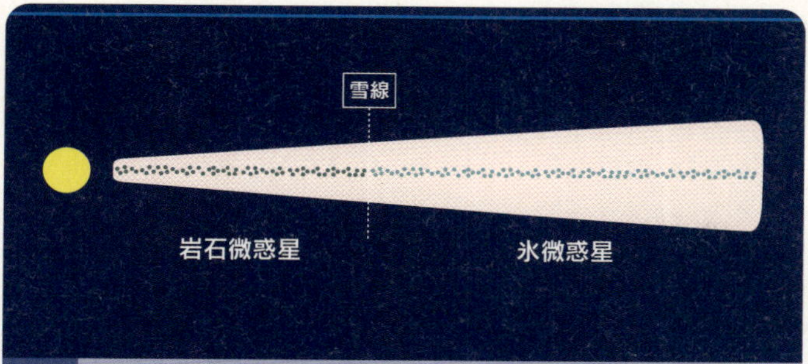

図2-8　微惑星系の概念図

ダストは太陽の周りを公転している。そして太陽重力の鉛直成分によって円盤の中心面に引かれながらガス抵抗のために、らせんを描きながら太陽に落ちていく。しかし、微惑星まで成長するとガス抵抗は弱くなり、太陽に落ちる心配はなくなる。

微惑星は、実は現在も存在している。太陽系外縁部の彗星や太陽系外縁天体は、微惑星の生き残りと考えられているのだ。

6.　第3段階：微惑星から原始惑星へ

微惑星は、太陽の周りを回りながら、ときどき衝突合体して成長していく。この過程は、「惑星集積過程」とよばれる。惑星集積過程は、惑星系の基本構造や形成の時間スケールを決定する重要な過程である。

①微惑星の運動

惑星集積がどのように進むかは微惑星の運動によって決まる。微惑星の運動は、太陽重力、微惑星間の相互重力、円盤ガスからのガス抵抗、微惑星どうしの衝突によって決まる。もっとも、微惑星の運動では太陽重力が支配的なので、微惑星は基本的にはケプラー運動をする。形成されたばかりの微惑星は、太陽の周りをほぼ同一平面（原始太陽系円盤の中心面）内でほぼ円軌道で回っていると考えられる。

微惑星の軌道は微惑星間の重力相互作用によって、つまり「重力散乱」によって、初期平面内での円軌道からずれていく。その結果、ケプラー運動の軌道離心率と軌道傾斜角は大きくなっていくのだ。円軌道からのずれの速度成分はランダム速度とよばれ、軌道離心率や軌道傾斜角が大きいほど大きくなる。また、微惑星間の重力相互作用にはもう1つ重要な性質がある。それは「力学的摩擦」とよばれる効果で、質量の小さな粒子と大きな粒子があるときに、大きな粒子ほどランダム速度が小さくなる（中心面での円軌道に近づく）、というものだ。

一方で、ガス抵抗と微惑星どうしの衝突は基本的にランダム速度を小さくするように働く。この効果と重力散乱の効果が釣り合う平衡のランダム速度の下で、惑星集積は進行するのだ。このランダム速度が微惑星間の相対速度を、そして惑星の成長モードや形成時間を決めることになる。

②微惑星の暴走的成長

多数の粒子が集まって大きくなる成長のモードは、大きく分けて2種類考えられる（図2-9）。1つはすべての粒子が同じように大きくなっていく場合で、「秩序的成長」とよばれる。もう1つは大きい粒子ほど成長速度が速く暴走的に大きな粒子がどんどん大きくなる場合で、「暴走的成長」とよばれる。これらの成長モードは、考えている粒子どうしの衝突合体確率（成長率）がどのように粒子の

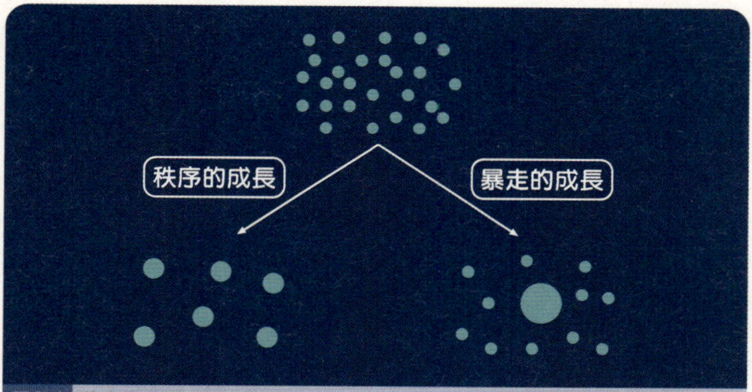

図2-9 秩序的成長と暴走的成長

質量と速度に依存しているかによって決まる。

微惑星系の成長モードは、初期は暴走的成長になることがシミュレーションによって「発見」された。つまり、微惑星系では質量の大きな微惑星が、ますます周りのほかの微惑星より大きくなっていく。これは、質量の大きな微惑星ほど強い重力で広い範囲から微惑星を集めることができるからだ。この効果は、「重力による引きつけ（重力フォーカシング）」とよばれている（図2-10）。

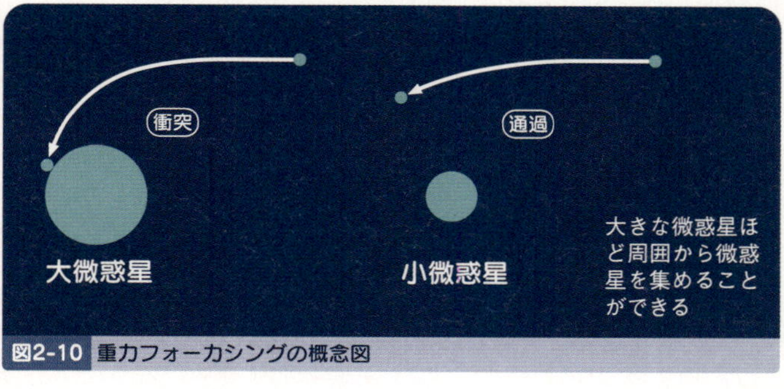

図2-10 重力フォーカシングの概念図

③原始惑星の寡占的成長

暴走的成長によって形成された大きな微惑星を、「原始惑星」とよぶ。原始惑星の暴走的成長は、いつまでも続くわけではない。原始惑星はある程度大きくなると、周囲の微惑星を重力散乱で大きく振り回してしまうのだ。振り回されてランダム速度が大きくなった微惑星は重力フォーカシングが効きにくく集積しにくいので、原始惑星の成長が鈍ってしまう。そして成長モードは、秩序的成長になってしまう。このためある程度大きくなると、原始惑星の大きさはそろってくる。

それでは、このとき原始惑星はどのような間隔で形成されるのだろうか。原始惑星の軌道間隔は軌道反発という効果で決まる。軌道反発は、原始惑星間の重力散乱と微惑星からの力学的摩擦の複合効果である。原始惑星どうしの重力散乱は原始惑星の軌道間隔を広げ、軌道離心率を大きくする。軌道離心率は重力散乱後、周囲の微惑星からの力学的摩擦により小さくなる。その結果、原始惑星どうしは、ほぼ円軌道を保ったまま軌道間隔を広げることになるのだ。軌道反発によって原始惑星の軌道の間隔は、ヒル（ロッシュ）半径の約10倍になる。この「ヒル半径」とは、軌道運動する原始惑星の重力圏の大きさの目安となる半径で、原始惑星の質量の1/3乗と太陽からの距離に比例する。

原始惑星どうしの成長モードが秩序的成長になることと原始惑星間の軌道反発の結果、隣どうしでは同じような大きさの原始惑星が決まった間隔で形成されることになる。ヒル半径は質量の1/3乗に比例しているので、原始惑星が成長するに従って大きくなる。つまり、原始惑星はおたがいに軌道間隔を広げながら、たまに衝突合体によって間引きもしつつ、成長することになるわけだ。このような成長モードは原始惑星の「寡占的成長」とよばれる。というのは、1つではなく複数の原始惑星が支配的に成長するからだ。この原始惑星の寡占的成長もシミュレーションによって「発見」されたものだ。

原始惑星の軌道間隔がわかると、原始太陽系円盤のダスト成分の面密度を使って最終的に形成される原始惑星の質量を見積もることができる。軌道間隔の幅のリング状の領域にあるダストから微惑星が形成され、さらに原始惑星に成長すると仮定する。原始太陽系円盤の標準モデルを使い、軌道間隔をヒル半径の10倍としたときの原始惑星の質量は太陽からの距離の$\frac{3}{4}$乗に比例し、その成長にかかる時間は、太陽からの距離の約3乗に比例することになる（図2-11、2-12）。つまり、外側ほど大きな原始惑星が形成されるが、形成にかかる時間は長くなるのだ。そして軌道間隔がヒル

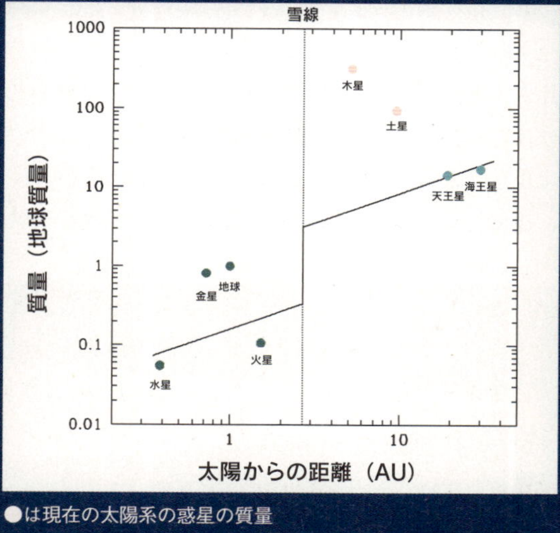

図2-11　太陽からの距離(AU)と寡占的成長で形成される原始惑星の質量(地球質量)

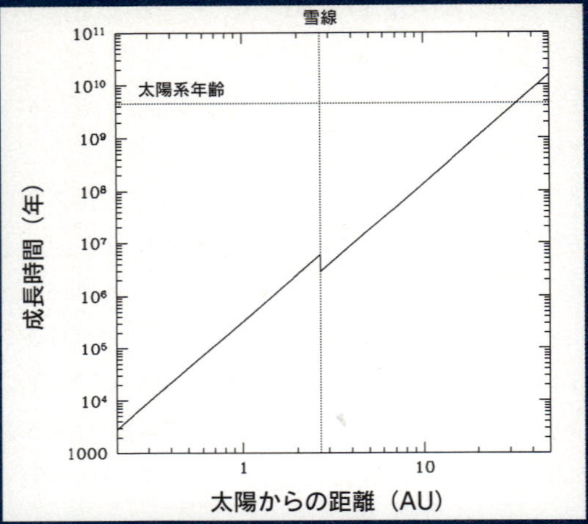

図2-12 太陽からの距離(AU)と寡占的成長で形成される原始惑星の成長時間

半径に比例するということは、原始惑星の質量が大きく太陽からの距離が大きいほど、軌道間隔は広がることを意味している。この傾向は現在の太陽系の惑星の間隔にも当てはまっている。

また、原始惑星の組成は材料である微惑星の組成を反映し、雪

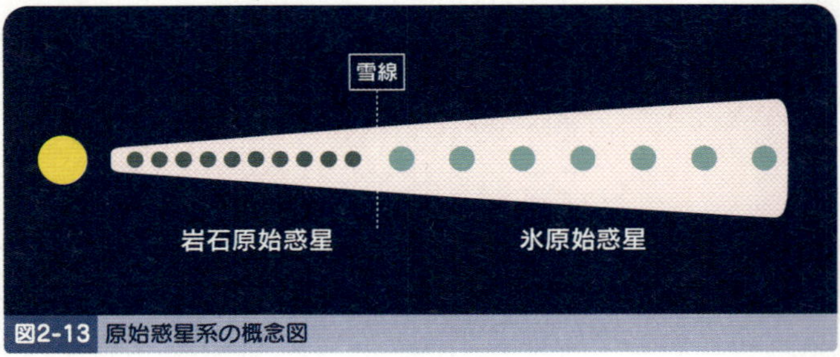

図2-13 原始惑星系の概念図

線の内側では岩石質、外側では氷質になる（図2-13）。原始惑星の質量は、たとえば、地球軌道で10^{24}kg、木星軌道で3×10^{25}kg、天王星軌道で8×10^{25}kgとなるのだ。成長時間は、それぞれ70万年、4千万年、2億年となる。

7. 第4段階：原始惑星から惑星へ

太陽系形成の最終段階は、原始惑星からの惑星の形成である。まず、どこにどのような種類の惑星ができるのか考えよう。それからどのように惑星は完成するのか、地球型惑星、木星型惑星、天王星型惑星の順に見ていく。

①惑星の棲み分け

惑星の棲み分けを考えるうえで、まず木星型惑星に注目してみよう。木星型惑星は、原始惑星が重力によって原始太陽系円盤からガスを捕獲することによって形成される（図2-14）。このためには、次の2つの条件を満たさなくてはならない。

(1) 原始惑星へのガス降着時間がガス円盤の寿命よりも短い

(2) 原始惑星の成長時間がガス円盤の寿命よりも短い

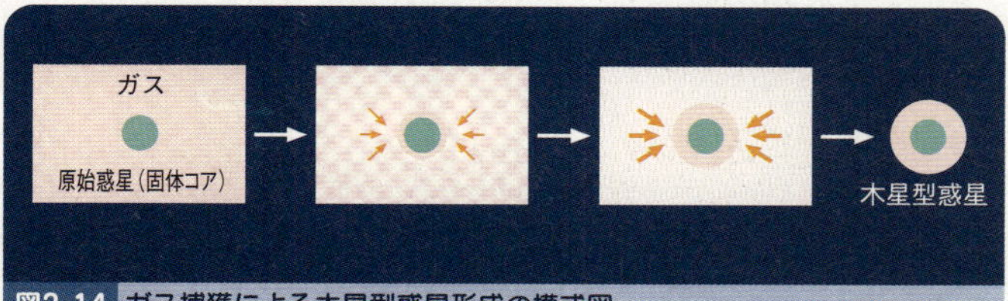

図2-14　ガス捕獲による木星型惑星形成の模式図

どちらの時間スケールも原始惑星の質量に依存し、ガス降着時間は質量が大きいほど短くなり、成長時間は質量が大きいほど長くなる。原始惑星の質量と成長時間は、寡占的成長では太陽からの距離によって決まる。前節で見たように原始太陽系円盤の標準モデルでは、原始惑星の質量とその形成時間は太陽からの距離とともに増加する。よって条件 (1) により、木星型惑星が形成可能な太陽からの最小距離が決まり、条件 (2) によって最大距離が決まる。つまりちょうど条件 (1) (2) を満たす領域だけに、木星型惑星が形成されることになる (図2-15)。そして、その内側と外側にそれぞれ木星型になるには小さ過ぎた地球型惑星と、木星型になるには、成長に時間がかかり過ぎた天王星型惑星が存在することになるわけだ。

原始太陽系円盤の標準モデルで、原始惑星の軌道間隔を10ヒル半径、ガス円盤の寿命は考えられる最大1億年とし、最新のガス降着時間の見積り (質量の $-\frac{5}{2}$ 乗に比例) を用いた場合、雪線の内側で地球型惑星、雪線と約10AUの間で木星型惑星、約10AUより外側で天王星型惑星と分布することになる。これは、太陽系での惑星の棲み分けをほぼ再現している。このように雪線、原始惑星の

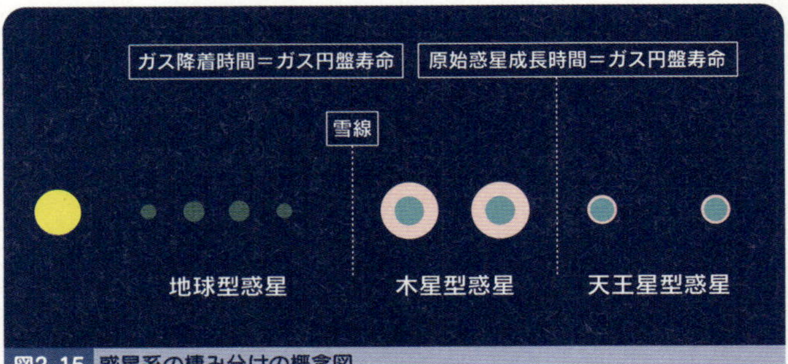

図2-15 惑星系の棲み分けの概念図

寡占的成長、木星型惑星形成条件を考えることによって、太陽系で内側から外側へ向かって地球型、木星型、天王星型と惑星が並ぶことが自然に説明される。

②地球型惑星

図2-11を見ると、金星や地球領域に形成される原始惑星は火星サイズくらいだ。これは、原始惑星から金星や地球への進化にはもう一段階の集積、つまり原始惑星どうしの衝突が必要であることを意味している。つまり、地球型惑星形成の最終段階は、残りの微惑星を集積しながらの原始惑星どうしの巨大衝突になる（水星や火星はその大きさから巨大衝突段階を生き抜いた原始惑星と考えられる）。寡占的成長により形成される原始惑星系は、長期的には安定ではないことがわかっている。原始惑星どうしの相互重力、もしくは木星型惑星からの重力によって原始惑星系は不安定になり、原始惑星どうしの衝突が始まるのだ。

地球型惑星領域では、数千万年から数億年で十数個の原始惑星から数個の惑星が形成される。巨大衝突によって形成されたばかりの惑星は、現在より10倍近く大きな軌道離心率や軌道傾斜角をもつ。この大きな軌道離心率や軌道傾斜角は、残っているガス円盤や微惑星からのガス抵抗や力学的摩擦によって小さくなると考えられている。このようにして原始惑星系から、ほとんど同一平面内にあり円軌道をもつ地球型惑星が形成されるのだ。また、巨大衝突がもたらした角運動量によって、地球型惑星の自転の初期状態は決まる。

③木星型惑星

木星型惑星領域で大きな原始惑星が形成されるのは、雪線の外側であるために氷によってダスト成分の量が多くなっているため、また太陽から離れているために重力圏、つまりヒル半径が大きく原始惑星の重力により多くの微惑星を集めることができるためだ。原始惑星は木星型惑星の固体コアになる。ガス円盤の寿命よりも短い時間でガスを降着するには、原始惑星の質量は地球質量の数倍から10倍以上であることが必要だ。図2-11から、木星型惑星領域の原始惑星の質量は条件を満たしていることがわかる。

それでは、どのくらいのガスが固体コアに降着するのか。これは惑星（固体コア+ガス）の重力圏（ヒル半径）の大きさで決まる。ヒル半径よりも近いところにあるガスは、惑星の重力によって惑星に落ち込む。そう考えると落ち込むガスの総質量は、原始太陽系円盤の中の半径がヒル半径の円を断面とするドーナツ状の領域にあるガスの質量と考えることができる。原始太陽系円盤の標準モデルを使って、木星の場所でこのようにしてガスの質量を見積もってみると、惑星の質量は太陽質量の約1/1000倍となり、実際の値とほぼ一致している。しかし、土星については見積もりよりも現在のガス質量は数倍少なくなる。

この木星と土星の違いは、原始太陽系円盤ガスの消失を考えるとうまく説明できる。原始惑星系円盤の観測から推定されるガス円盤の寿命は数千万年くらいだ。標準モデルでは原始惑星の成長時間は太陽から遠いほど長くなる。木星の固体コアができたときはまだガス円盤は十分あったので、木星は上記の見積もりどおり集められるだけのガスを集めて大きくなれた。しかし、土星の固体コアができたときはガス円盤は消失しつつあったので、ガス円盤の密度が小さくなっていて集められるガスの量は少なかったのだ。

木星型惑星の軌道間隔はヒル半径の10倍くらいになっていて、ガス捕獲をしながらの軌道反発を考えると説明できると考えられている。また、自転はガス降着により運ばれる角運動量によって決まる。

④天王星型惑星

図2-11から質量だけ考えれば、天王星型惑星領域の原始惑星はガス捕獲が可能だ。しかし、天王星型惑星領域では原始惑星が形成されたときはガス円盤はほぼ消失していたので、ほとんどガスをまとうことができなかった。つまり、天王星型惑星は木星型惑星になれなかった原始惑星なのだ。実際、寡占的成長から見積もられる天王星型惑星領域の原始惑星の質量と軌道間隔（ヒル半径の約10倍）は、現在の天王星型惑星の値とほぼ等しくなっている。

天王星型惑星形成を考えるうえで問題なのは、原始太陽系円盤の標準モデルを使うと海王星の成長時間が、太陽系の年齢程度もしくはそれ以上になってしまうということだ。

この問題を解決するために、最近は海王星をより内側で形成し、その後、木星型惑星の重力などによって現在の位置まで移動させる、というシナリオが考えられている。実は現在の太陽系外縁天体の軌道分布は、海王星が内側から移動してきた影響を受けていると考えると説明がつくような分布になっている。

8. 汎銀河系惑星系形成論へ

ここまでの解説で、ダストから微惑星、原始惑星、そして惑星への大きな進化の流れがわかってもらえただろうか。惑星は、原始太陽系円盤の進化の中で必然的に生まれてくると考えられている。そして、原始太陽系円盤の質量、質量分布、温度構造、ガス円盤の寿命によって惑星系の基本的な構造が決まるのだ。

太陽系形成論は大きな成功を収めている。実際、これまで見てきたように、まだ完全ではないが大枠で物理的に無理のない形成シナリオを描くことができている。しかし、まだまだ不備なところがある。ここで、残されている問題点をいくつか紹介しよう。

実は、シナリオの基礎になっている微惑星がどのように形成されるのかは、まだよくわかっていないのだ。ここで紹介した重力不安定シナリオは、乱流の弱い静かな原始太陽系円盤を仮定している。しかし、もし円盤内に強い乱流がある場合は、ダスト層は重力不安定を起こす臨界密度に達するまで薄くなることはできないかもしれない。もしそうなら、ダストどうしの1対1の付着成長で、こつこつと微惑星をつくるしかない。しかし、μmサイズからkmサイズという9桁も違うものが、ダストが太陽に落ちる前に形成可能かどうかはまだよくわからない。

原始太陽系円盤のガス円盤がどのようにして消失したかということも、実はまだよくわかっていない。原始太陽の強力な紫外線や太陽風（高速荷電粒子流）でガスを吹き飛ばすというアイデアがある。しかし、本当に吹き飛ばせるのかはまだはっきりしない。いまのところ、木星型惑星の形成によって、少なくともその内側の円盤ガスは惑星の重力的影響で太陽に落されてしまうだろうと考えられている。これらの円盤の問題については、次世代の超大型地上望遠鏡もしくは宇宙望遠鏡により、直接惑星系形成の現場を観測することで飛躍的に理解が進むだろう（図2-16）。

さらに重要な問題として、太陽系内における惑星の移動がある。今回紹介したシナリオでは、微惑星が集積し始めたその場で惑星が形成され、落ち着いていくと考えられている。しかし、最近、ガス円盤との相互作用によって、原始惑星や惑星が系内を大きく移動する可能性が示唆されているのだ。もし、原始惑星や惑星が大

日本・北アメリカ・ヨーロッパ・チリが協力して、チリのアンデス山中に建設中の電波干渉計。惑星系形成の現場の観測へ期待が持たれる

図2-16 ALMA（アタカマ大型ミリ波サブミリ波干渉計）

きく移動するようなら、太陽系形成シナリオをかなり書き換える必要があるだろう。ほかにも、小惑星や彗星などの小天体の起源など、まだまだ多くの問題が残されている。

現在、研究の現場では、これらの問題を解明しつつ、さらに研究対象を太陽系以外の惑星系へ広げている。惑星系は太陽系だけではない。2007年春の時点で、太陽近傍の200個以上の太陽型星に惑星系（系外惑星系とよぶ）が発見されている。しかもそのほとんどは太陽系とはまったく似ていない。発見された系外惑星の多くは木星程度以上の質量をもつ。その軌道は、軌道長半径が水星軌道より小さかったり、軌道離心率が彗星なみに大きかったり、太陽系とは大きく違う。それではこれらの系外惑星系は、どのようにして誕生したのだろう。太陽系とはなにが違ったのだろうか。これからは太陽系とは大きく違う系外惑星系の起源も解明し、太陽系の起源も含めた一般化された惑星系形成論、「汎銀河系惑星系形成論」を構築していかなくてはならない。その過程で、太陽系は銀河系の中で特別なのか普遍なのか、という天文学の根本的な問題に答が出ると期待される。第二の「地球」は存在するのか、この夢のある問いに科学的に挑める時代がきているのだ。

第二部　宇宙の最前線

Part 3　系外惑星最前線：第二の地球を探す

田村元秀（国立天文台）

1. プラネットハンティング

惑星は、人類にとってもっとも身近な天体である。古くは曜日の名前の由来もあるが、最近では、2006年8月に冥王星が惑星の定義から外れた議論の際の社会的反響は、予想を超える大きなものであった（図3-1）。しかしながら、太陽系の中でこそ8個しかないが、その数の25倍以上もの惑星が太陽系の外に見つかっていることをご存知だろうか。これらは太陽系外惑星あるいは「系外惑星」と呼ばれ、おもに惑星の存在がおよぼすさまざまな影響を間接的に捉えること（間接的系外惑星検出）によって、この10年間に

（出典：http://iau.org/　IAU）

図3-1　太陽系の惑星

続々と発見されてきた。天文学者は、次のステップとして、より軽い地球に似た惑星を発見し、そのような太陽系の惑星を画像に収め（直接的系外惑星検出）、さらには、それが生命を宿す場かどうか、第二の地球はあるのかという問いに挑もうとしているのだ。ここでは、このようなプラネットハンティング（系外惑星探し）の状況、解明された驚くべき系外惑星の性質、および将来計画を紹介する。

2．系外惑星発見前夜

系外惑星を探す試みは、けっして新しくない。20世紀中頃にアメリカのバンデカンプらが精力的な観測を行い、太陽に二番目に近い恒星「バーナード星」に、木星クラスの惑星が2個存在することを発表した。この系外惑星は、当時の教科書にも載ったほどである。

しかしながら、数十年にもおよぶこの観測結果は、別のグループによる観測で否定されてしまった。いまから考えると、技術的に彼らの観測方法は惑星を検出できるだけの精度はなかったのだ。観測手法が多様になった20世紀後半になって、ようやく機は熟してきたが、最初の確実な系外惑星の発見に至るまではまだ紆余曲折があった。1つの大きなニュースは、1992年のパルサーPSR 1257+12を周回する2個の地球質量程度の天体の発見であった。しかし、そのような天体が超新星爆発後に残ったパルサーの周りでどのようにしてできたのかということが不明なこと、またほかのパルサーに同種の天体がほとんど発見されないことから、一般的な系外惑星とはみなされなかった。1980年台に入って、惑星検出のための観測技術は著しく向上した。しかしながら、カナダのグループが、最新の手法とハワイにある口径4mの望遠鏡を12年間も用いた観測によっても系外惑星は見つからず、その検出には否定的な雰囲気も漂っていた。

その風向きをいっきょに変えたのが、1995年におけるスイスチームの発見である。それは、木星質量の半分の惑星が太陽に似た恒星であるペガスス座51番星の周りをわずか4日の周期で公転しているという驚くべきものだった。木星は太陽の周りを12年かけて公転するので、そのあまりの差異に、当時は惑星と認めない意見もあった。しかし、同じく系外惑星検出を目指していたアメリカチームによる追観測でもすぐさま確認され、最初の系外惑星発見となったのだ。系外惑星の発見数はその後どんどんと増え、2006年11月現在、200個を超えている。

この系外惑星発見一番乗りへの道は、科学上の発見において既成概念からの発想は危険である、というよい教訓となった。一番乗りを逃したカナダおよびアメリカのチームは、われわれの太陽系のようなものを想定し、(少なくとも当初は) 木星のような惑星を検出するための観測方法とデータ解析を進めていたらしい。つまり、たった数日の周期の惑星の検出は想定していなかった。一方、スイスのチームは、さまざまな周期を持つ二重星観測の専門家であり、そのような偏見を持っていなかった。もちろん、惑星を検出するための速度測定精度を太陽系の惑星を例にして設定するのはよいのだが、いったんその技術を手に入れたならば、観測立案はより自由な発想で行われるべきなのだろう。

3. 惑星探査の方法

現在の惑星検出は間接法が主流である。これまでに成功を収めている3つの方法を以下に紹介する。

①ドップラー法

惑星の公転運動によって、わずかながら恒星自体がふらつく。このふらつき運動に伴う速度変動を、ドップラー効果を利用して測定するのが「ドップラー法」である（図3-2）。系外惑星の9割以上がこの方法で発見された。手法自体は1980年代から開発されていたが、1995年にスイスのメイヤーとケロッズが、この手法によりペガスス座51番星において、恒星を周回する最初の系外惑星を発見した。

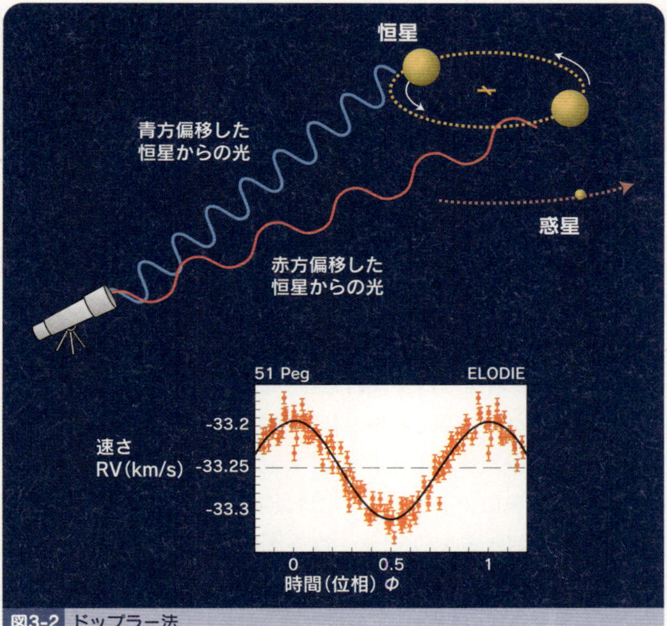

図3-2 ドップラー法

太陽系の木星および地球の公転による太陽の速度変動はそれぞれ毎秒13mおよび0.1mなので、巨大惑星の検出でさえも毎秒数mの精度が必要である。この手法により、惑星質量、軌道長半径、離心率を求めることができるのだ。ただし、速度は軌道の傾きによって見え方が変わるため、測定質量は下限値である。最近では、地球の10倍程度しかない惑星も発見されており、速度決定の最高精度はベストでは毎秒20cmにも達した。今後さらにその精度が向上し、地球質量の惑星にも迫ることができるかもしれない。

②トランジット法

太陽系では、地球から見て、水星や金星が太陽の前面を小さな黒いシミのように通り過ぎる現象が、ときどき観測される。「トランジット法」とは、惑星が恒星の前面を通り過ぎることによる明るさの微小変化を検出する手法だ（図3-3）。

木星および地球による太陽の光度変化は、それぞれ約1%および0.01%しかない。2000年にアメリカのシャルボニューらは、ドップラー法の速度変動に合わせて恒星HD209458の光度変化を初めて検出した。この結果、ついに独立な2つの間接法によって惑星の存在が確認され、系外惑星という解釈は疑問を挟む余地のないものになったのだ。この観測法で、これまでに14例が確認されている。この方法は、観測者から見て惑星の軌道面が視線と一致しなければならないため、一度に多数の星を観測する必要がある。しかし、CCDを備えた小型望遠鏡によっても惑星検出が可能なため、アマチュアが惑星検出にトライするには最適の方法である。ただし、地上からは大気の揺らぎのため、微小な光度変化の測定は難しく、木星型巨大惑星の検出が限界である。一方、大気の揺らぎのない宇宙空間におけるトランジット法は、木星型だけでなく地球型の小さい惑星による明るさの変化を捉えることも可能だ。2009年打ち上げ予定のケプラー衛星（アメリカ）は数百個の地球型惑星を検出できると思われる。ただし、明るさの変化だけで惑星かどうかを判断するのは容易ではないという指摘もある。

③重力レンズ法

光は、天体などの質量が作る重力場によって、あたかもレンズで光を集めるように曲げられる。これは「重力レンズ効果」とよばれている。

たとえば、銀河団によって、背景の銀河がいくつかの像を作っているのが観測される。曲げられる量が小さい場合、現在の技術では像を見分けることができないので、マイクロレンズ効果とも

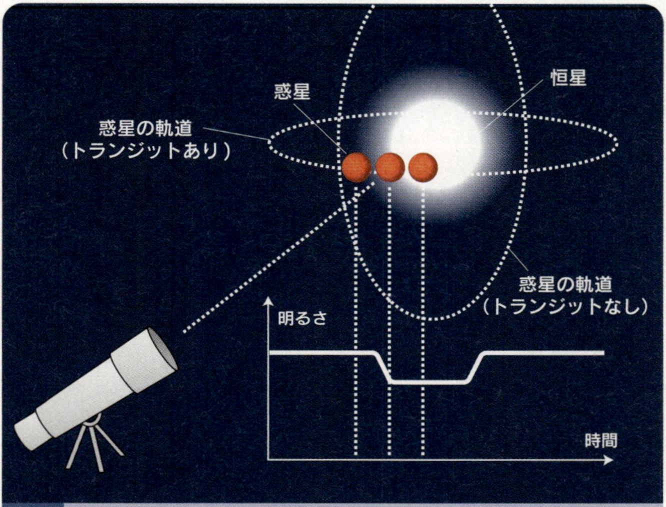

図3-3 トランジット法

いう。この効果によって、背景にある星からの光が手前の天体の影響で明るく見えるのだ。その際、手前の天体（レンズ天体）に惑星がある場合、さらに特徴的な明るさの時間変化が起こる。このような重力レンズ効果で発見する方法が「重力レンズ法」だ（図3-4）。これまでに4例の報告があるが、マイクロレンズ現象は一度限りのイベントであるため、検証が難しいという問題がある。原理的には、地上からでも地球型惑星検出が可能とされている。

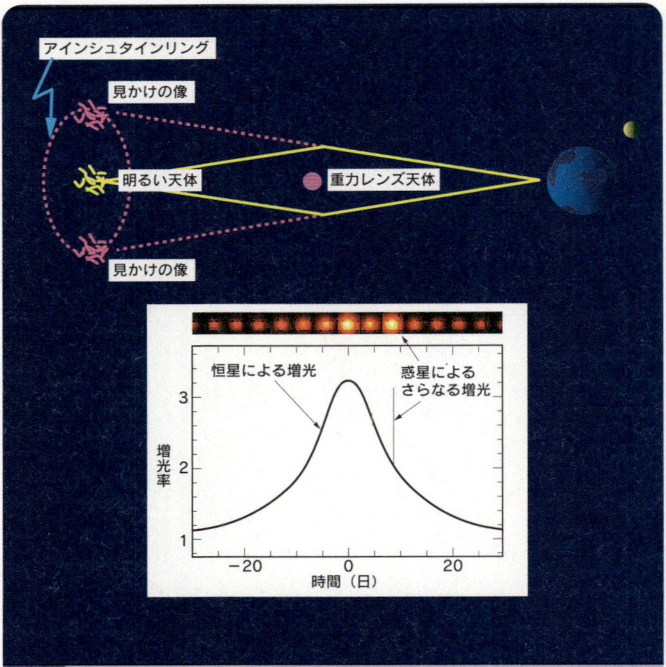

図3-4 重力レンズ法

4. 系外惑星の性質

これまでに発見された200個強の系外惑星は、われわれの太陽系とは大きく異なる性質を持っている。その多様な性質を概観しよう。

数千個の恒星の探査の結果、太陽に似た恒星の周りで惑星が見つかる頻度は10%程度であることがわかった。今後の観測精度向上により、まだ発見されていない恒星の周りにも惑星が検出される可能性があるので、これは下限値である。恒星に惑星が存在することは、それほどめずらしい現象ではないといってよいだろう。

惑星の重さとしては、最初は木星質量程度のものが数多く発見されたが、観測精度の向上により、いまでは最小で地球質量の6倍程度のものまで見つかっている。しかし、真に地球型とよべるほど軽い天体は未発見である。

惑星質量の最大値としては合意された定義はないが、天体の質量が木星質量の約13倍になると、中心で重水素の核融合反応が起こり始める（そのような天体は「褐色矮星」とよばれる）。そこで木星質量の約13倍という値が用いられることが多い。この流儀にもとづくと、木星の13倍未満の質量で恒星を周回する天体が惑星、木星質量の13倍以上、約80倍未満が褐色矮星、それ以上が恒星となる。

惑星の質量分布は、ほぼ惑星質量に逆比例して数が少なくなるといわれている（図3-5）。ドップラー法で発見されている伴星型の褐色矮星は数が少なく、“褐色矮星の砂漠”とよばれている。なお、褐色矮星はすでに多数の例が直接に撮像されており、比較的高温のL型褐色矮星ではGD165b、さらに低温のT型褐色矮星では、

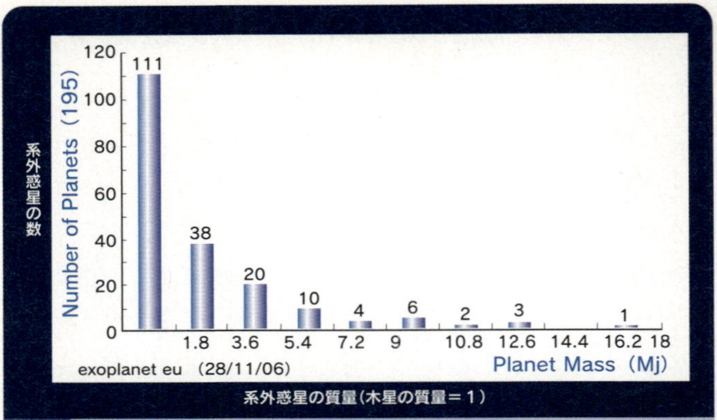

図3-5 惑星の質量分布

Gl229bがおのおの最初の発見例である。

系外惑星は主星を公転しているが、その軌道は太陽系の惑星とは大きく異なる（図3-6）。系外惑星は、軌道0.02〜6天文単位、周期にして約1日から15年の範囲に分布している。周期の長い方は観測継続期間によって制限されている。0.1天文単位以内の巨大惑星は「ホットジュピター」とよばれ、周期3日前後のものが多い。主星に近いため、その表面温度は摂氏千度を超える。このような惑星は系外惑星全体の約20%を占める。

太陽系の惑星はほぼ円軌道で太陽を公転するが、系外惑星の軌道の離心率は著しく多様で、0（真円）から0.9程度（著しい楕円）まで広い範囲に分布している。中心星との潮汐作用が効くような近点距離には惑星はほとんど存在していない。ホットジュピターは、ほぼ円軌道をもっている。中心星との潮汐作用により円軌道化されたのであろう。0.1天文単位以遠では離心率の大きい系外惑星が

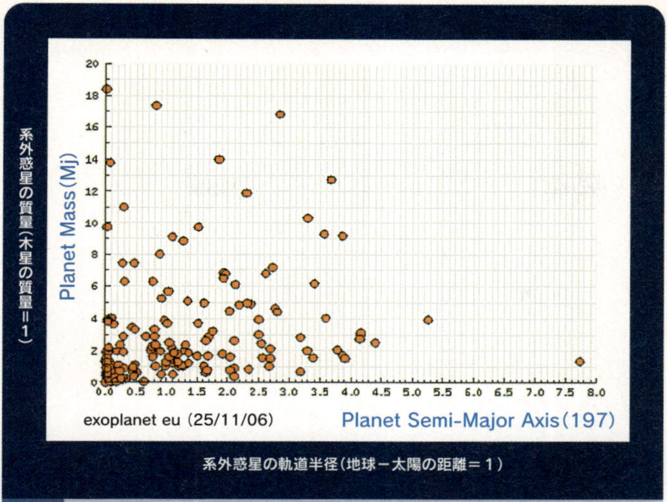

図3-6 惑星の質量分布

大部分を占めている。軌道が円でないものが多いという点では、系外惑星系と太陽系は大きく異なり、通常の惑星形成理論では説明が困難な点となっている。

1つの恒星に複数の惑星が存在する多重惑星系は、18例報告されている。多くは惑星2個からなるが、アンドロメダ座ウプシロン星のように最大4個の惑星をもつ恒星もある。

5. 中心の恒星との関係

これまでもっぱら系外惑星が探査されたのは、太陽に似た主系列の恒星（スペクトル型がFGK型の星）である。太陽質量の半分以下であるM型の恒星でも数百個を対象に惑星探索が行なわれているが、木星クラスの惑星はわずか2個しか発見されておらず、明らかに太陽に似た恒星よりも（巨大）惑星が発見される頻度が少ない。これは、惑星の誕生現場である原始惑星系円盤の重さに応じて、生まれる惑星の重さが決まってしまうという理論と一致している。軽い恒星の周りの軽い円盤からは軽い惑星が生まれやすいのである。

一方、太陽よりも重い主系列星はスペクトルに吸収線の数が少なく、高速自転により線幅も広がっているため、ドップラー法による惑星探索は困難である。同じく、若い恒星の周りのドップラー惑星探査も、若い恒星表面の活動が激しいため難しい。主系列星が年老いた巨星の周りの惑星はいくつか報告されている。

中心星の金属量と惑星の頻度には相関があり、金属量の多い恒星ほど惑星が見つかる確率が高い。この相関は、金属量が多い環境ほど固体材料が多く惑星が形成されやすいという、コア集積惑星系形成モデルを支持する根拠の1つと考えられている。

以上の議論は、ほとんど太陽のような単独星の恒星の周りの惑星であった。連星系でも惑星はすでに約20例発見されている。これらはすべて連星のどちらか一方の恒星を回るものであり、観測的な制約から連星間の距離がある程度以上離れたものにかぎられている。

なお、これまで発見された系外惑星はほとんどがドップラー法によるため、太陽からの距離はそれほど遠くなく、ほとんどが100光年以内の距離の恒星の周りにあるものである。これは、ドップラー法が比較的明るい恒星しか観測できないためである。今後、大口径望遠鏡によるドップラー探査が行われることにより、さらに遠方の恒星の周りの惑星が検出されるだろう。ただし、重力レンズ法は地球から遠く（数1000光年）離れた「レンズ星」を公転す

出典：ESA, Alfred Vidal-Madjar（Institut d'Astrophysique de Paris, CNRS, France）and NASA

図3-7 HD209458bで惑星表面から大気が逃げ出している様子

る惑星をとらえていることに注意されたい。

6. 惑星の半径と大気

トランジット法とドップラー法の両方で確認された惑星は9個あり、これらについては半径と密度が推定されている。HD209458bは理論的な予想より半径が大きく低密度(1.3木星半径、0.4 g/cm³)で、逆にHD149026bは小さく高密度である(0.7木星半径、1.2 g/cm³)。前者は温度が高いため惑星が膨らんでおり、後者には高密度の中心コアがあるためと考えられている。これも、コア集積惑星系形成モデルを支持する根拠の1つと考えられる。

トランジットを起こす惑星系では、惑星の大気が恒星の光の一部を吸収することを利用して惑星大気の成分を検出することもできる。

HD209458bでは、ナトリウムや水素ガスなどの検出が報告されている。水素ガスは惑星半径から大きく広がっているが、これは高温の惑星表面から大気が逃げ出している様子を見ていると思われる(図3-7)。

また、HD209458bとTrES-1bにおいては、惑星が恒星の背後に隠れる際に系全体からの赤外線強度が減少することを利用して、惑星からの熱放射成分を分離することに成功している(図3-8)。これは惑星からの光子を初めてとらえた一種の直接観測であるが、惑星を見分けた直接撮像ではない。

7. 直接撮像に向けて

これまでの成功を受けて、今後も間接法からの数多くの成果が

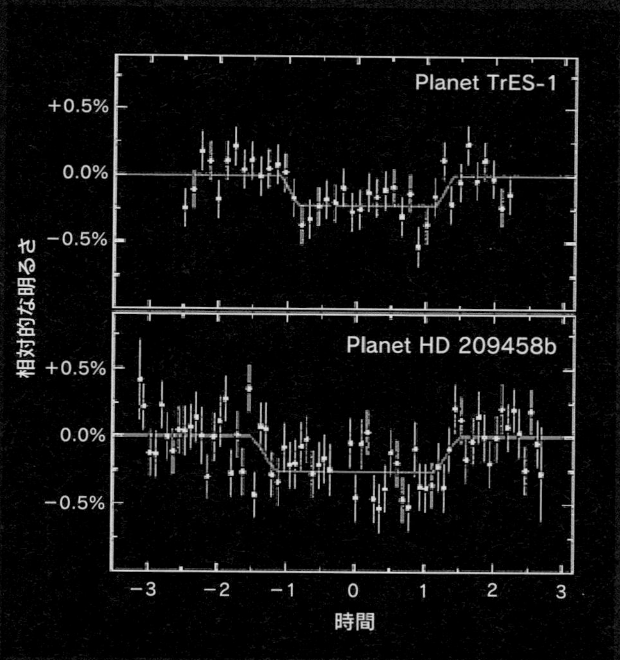

（提供：NASA/JPL-Caltech/D. Charbonneau（Harvard-Smithsonian CfA）and NASA/JPL-Caltech/D. Deming（Goddard Space Flight Center））

図3-8 アメリカの宇宙赤外線望遠鏡スピッツアーによる観測

期待される。特に、ドップラー法や重力レンズ法による軽い恒星の周りの地球型惑星検出への挑戦、アジアあるいは世界の中小口径望遠鏡間のネットワークを生かしたドップラー法、トランジット法、および重力レンズ法による、1000個のオーダーを目指した多数の惑星検出へのアプローチは続くであろう。可視光による観測だけでなく、8mクラス望遠鏡を利用した波長1〜5μ（ミクロン）の赤外線によるドップラー法も計画されている。

しかしながら、間接法は惑星からの光を直接検出するわけではないため、どうしても不定性が残る。系外惑星探査の次の重要なステップは直接観測である。しかし、惑星は暗く、小さな天体であり、かつ、すぐ近くに明るい恒星があるため、直接撮像することは非常に困難なのだ。直接観測のためには、

(1) 暗い惑星を検出するための高感度

(2) 地球から離れた主星と惑星を見分けるための高解像度

(3) 惑星の近くにある恒星からの明るい光の影響を抑えるための高コントラスト

の三者を同時に実現しなければならない。なかでも最大の問題は、コントラストである。惑星からの光は、可視光および近赤外波長では太陽からの光の反射が主で、明るさの比は約10桁にも達する。中間赤外より長波長では惑星自体の熱放射のため両者の明るさの比は多少緩和されるが、それでも約7桁となってしまう。

地上観測における最大の障壁は、地球大気の揺らぎが引き起こす"かげろう"である。このため、口径の大きな望遠鏡を用いても、それだけではシャープな画像が撮れない。現在、すばる望遠鏡などの口径8〜10m級地上大望遠鏡では、大気揺らぎを時々刻々と補正する補償光学や、明るい恒星を隠すコロナグラフなどを用いて、年齢の若い巨大惑星の検出などが試みられている（図3-9）が、いずれも確実な例はまだない。今後数年間で、惑星検出に特化した新規コロナグラフが、すばる、ジェミニ、VLT（Very Large Telescope）などの望遠鏡で稼働し始めるので、その検出は時間の問題であろう。

太陽系の木星のような年齢46億年という成熟した巨大惑星や、

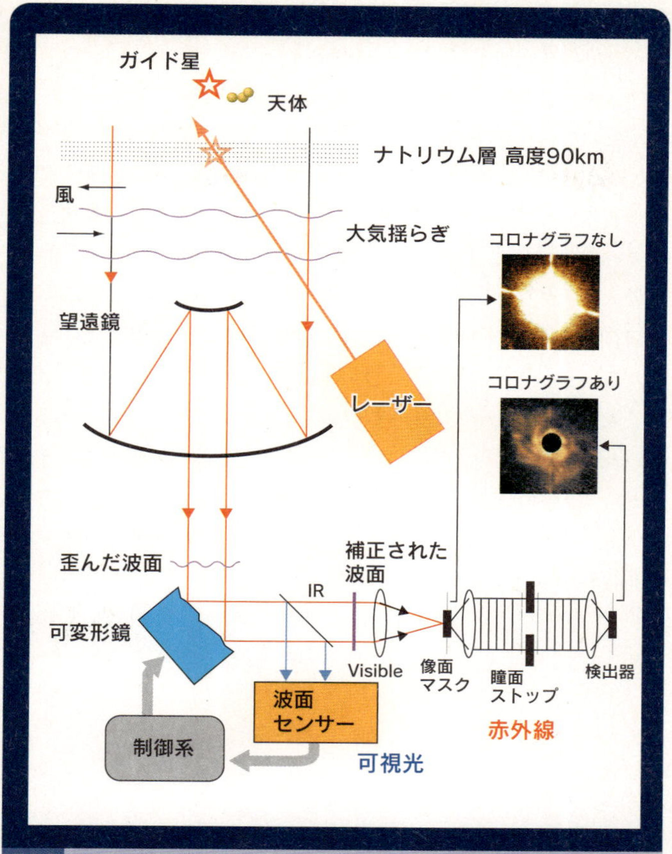

図3-9 補償光学系の概念図

現在は間接法でさえも検出ができていない地球型惑星は、次世代の超大型（口径20mクラス）地上望遠鏡でも観測が難しいため、コントラストの向上に焦点を当てた新しいスペースミッション、

TPF-C (Terrestrial Planet Finder-C)、TPF-I/Darwin、JTPF (Japanese Terrestrial Planet Finder) などが計画されている。このうち、TPF-Cは、口径8.5m×3.5mの楕円鏡を軸外しにして、高度なコロナグラフと組み合わせた可視光の衛星望遠鏡計画である。Darwinは、3mクラスの望遠鏡を別々の衛星3台に搭載して編隊飛行をさせ、集めた赤外線を合成する第4の衛星と併せて巨大な赤外線干渉計とする計画である。JTPFは日本の計画で、3.5m級のコロナグラフに最適化した可視光衛星望遠鏡である（図3-10）。同口径の次期スペース赤外線望遠鏡計画SPICAの後継機とも考えられる。

これらの地球型系外惑星直接撮像ミッションは、2020年あるいはそれ以降の打ち上げを目指している。太陽近傍の恒星を多数探査し、第2の地球を発見し、生命の指標となりえる地球に似た大気（水と酸素などを含む大気）の存在をスペクトルで確認するのがその使命である。

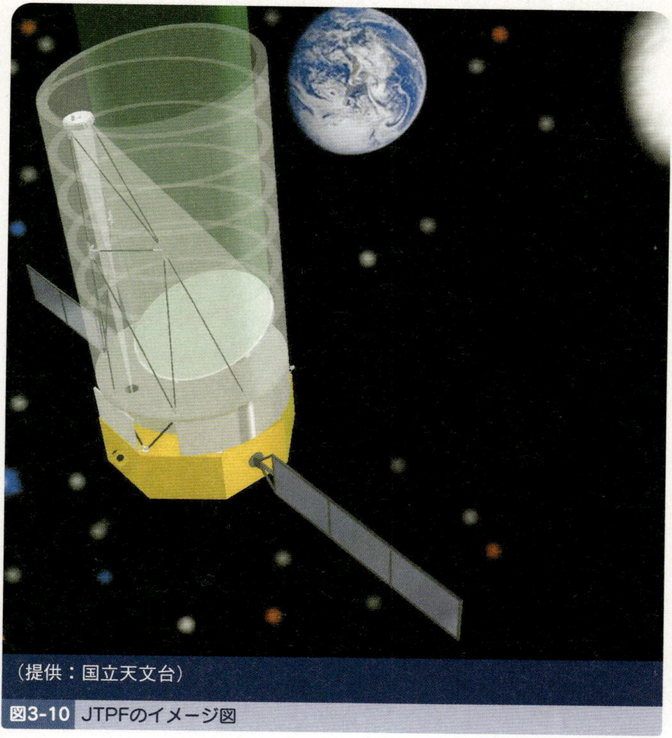

（提供：国立天文台）

図3-10 JTPFのイメージ図

Part 4　高エネルギー最前線：ガンマ線バーストを探る

米徳大輔（金沢大学）

1.宇宙最大の爆発現象

ここで紹介する「ガンマ線バースト（GRB：Gamma-Ray Burst)」とよばれる現象は、宇宙の遠方から数10秒間という短時間だけ大量のガンマ線が降り注ぐ突発天体現象である。実に、10^{45}ジュールを超えるエネルギーを一瞬にしてガンマ線放射として解放するので、宇宙でもっとも明るい爆発現象として位置づけられている。通常の超新星が１万年以上かけてジワジワと放射する総エネルギーを、数10秒で一気に解放するのだ。尋常ならぬほどの巨大な爆発ではあるが、実は1日に1発程度の頻度で検出されるような“ありふれた存在”である。とはいえ、これはGRBが明るいために宇宙の遠方で発生しても容易に検出できるからで、われわれの天の川銀河で発生する確率はほとんどないだろう。

最近の研究で、GRBの起源は星が一生を終える際の超新星爆発を引き金にして発生するという証拠が見つかってきた。しかも、中心に中性子星を残す普通の超新星ではなく、ブラックホールを作ることで巨大なエネルギーを解放する「極超新星」とよぶにふさわしいものだと、研究者たちは考えている。

図4-1に示したのはGRBの想像図であるが、大質量星の崩壊で作られたブラックホールの周りに星の外層が降着することで重力エネルギーを解放し、そこから相対論的な速度を持ったジェットが飛び出してくると思われているのだ。

最近、このGRBという現象に大きな注目が集まっている。この

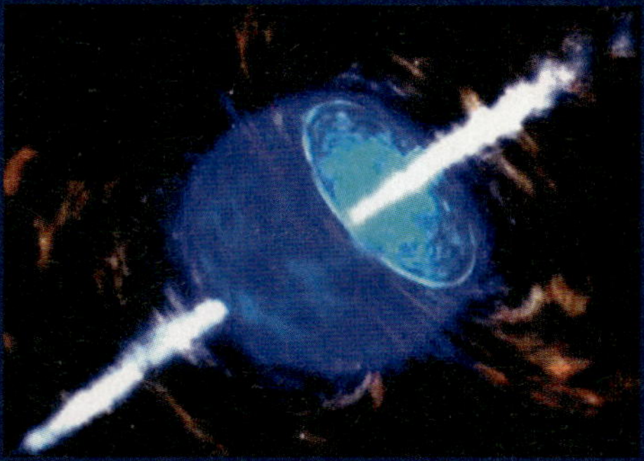

大質量星の重力崩壊に伴って、中心にブラックホールが誕生し、そこから噴出するジェットの中から発生すると考えられている

（提供：NASA）

図4-1 ガンマ線バーストの想像図

10年間での学術的進歩が著しいだけでなく、冒頭で述べたように短時間ではあるが極めて明るく輝くため、はるか昔の宇宙の暗黒時代へさかのぼるほどの、初期宇宙を見渡せる光源としての可能性を秘めているからだ。ここではGRBの発見から最近の観測までを紹介し、近い将来に期待されている観測的展望を述べよう。

2. ガンマ線バーストの発見と長い手探りの時代

人類がガンマ線バースト（GRB）という現象を初めて認識したのは、1967年のことである。当時、アメリカ・イギリス・ソビエトの間に部分的核実験禁止条約が締結され、アメリカは宇宙空間での核実験を監視する目的で、「Vela（ベラ）」という衛星を打ち上げていた。核爆発の際に放射されるガンマ線を検出する装置が搭載されており、あらゆる方向から来るガンマ線を監視していたのだ。Vela衛星はときどき、突発的に発生する大量のガンマ線を検出していたが、発生方向がわからなかったために、軍事機密として公表を控えていた。密かに行われた核実験の可能性があったからだ。

その後も同じような突発現象が何度も観測されたのだが、ついに1973年に、アメリカのロスアラモス国立研究所のクレベサデル博士

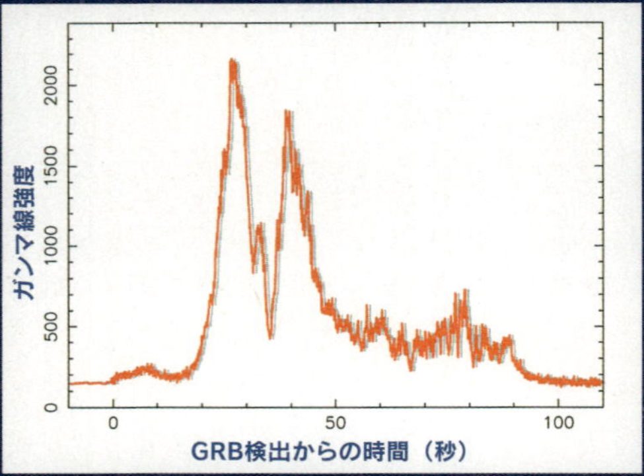

上はGRBの光度曲線で、数10秒の短い継続時間の中に激しい時間変動が含まれている。下は継続時間の頻度分布で、2秒付近を境に2種類の種族が存在していることがわかる

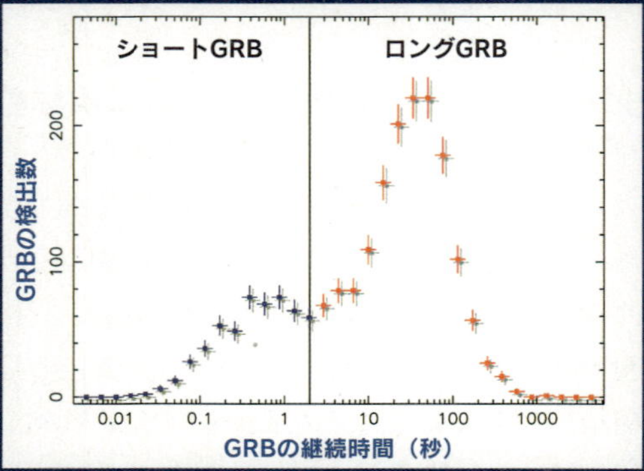

図4-2 ガンマ線強度曲線

らが、この突発的なガンマ線放射の方向を特定することに成功した。到来方向は地球の大気圏ではなく、はるか宇宙からだったのだ。クレベサデル博士らは、謎の突発ガンマ線天体を発見したとして、米国の天文学会誌に報告したのである。これがGRB発見の経緯だ。天体から到来するガンマ線は地球の厚い大気にさえぎられて地上までは到達できないため、人工衛星を使って宇宙空間で観測するしか方法がない。あらゆる方向からくるガンマ線を監視していたVela衛星だからこそ、発見できたのかもしれない。

ここで、少し歴史の話を中断して、GRBという現象を見てみよう。図4-2上にGRBから到来するガンマ線強度の時間変化－ガンマ線光度曲線－を示した。継続時間は数10秒と短く、激しい時間変動を伴っていることがわかる。なかには1000分の1秒よりも早い時間変動を示す例も観測されている。どんな物体も光速（30万km/秒）より速く移動することはできないので、1000分の1秒の時間変動を作り出す発生源の大きさは300kmよりも小さいと予想できる。

また、一方、GRBの継続時間の頻度分布は図4-2下のように二山構造になっていて、数100ミリ秒と30秒程度にそれぞれピークを持っている。これらを区別するために継続時間が2秒よりも長いものを「ロングGRB」、短いものを「ショートGRB」とよんでいる。

継続時間が長い種族も短い種族も、ガンマ線スペクトルは非熱的な形をしている。具体的には図4-3に示すように、あるエネルギーで折れ曲がりを示すが、それを境に低エネルギー側も高エネルギー側も「ベキ関数」で伸びているのだ。このベキ関数というのは、グラフの横軸も縦軸も対数目盛で描くと直線に見えるような関数である。ちなみに、太陽の表面のような黒体放射とか、高温プラズマからの放射は熱的放射とよばれ、それらの温度によって決まる特徴的なエネルギーをもっていて、スペクトルを描くとピークを持ったも

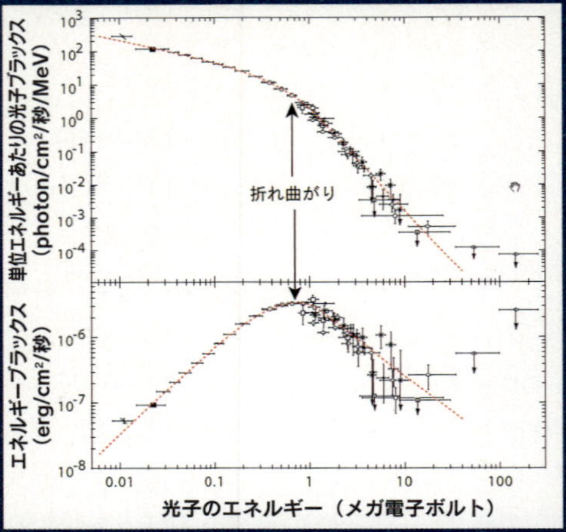

図4-3 GRBのスペクトル

のになる。

このような非熱的なスペクトルを示す天体はいくつも存在するが、多くの場合は、衝撃波によって加速された高エネルギー電子が発するシンクロトロン放射で輝くと考えられている。おそらくGRBもその仲間なのだろう。

ふたたび発見の歴史に戻ろう。Vela衛星以降も、国外の惑星探査衛星を始め、日本でも「はくちょう」衛星や「ぎんが」衛星にGRB検出器を搭載し、ガンマ線強度の時間変動やスペクトルの特徴などが議論された。この時期に「GRBは銀河系内起源か、それとも遠方宇宙起源か？」という激しい論争が繰り広げられた。たくさんの人工衛星で、たくさんのGRBを検出してきたが、視野の狭い光学望遠鏡が観測できるほど詳細にはGRBの方向を決定できなかったのだ。天体までの距離がわからなければ、1回の爆発でどのくらいのエネルギーを解放しているのかもわからないし、どんな天体が起こしているのかの見当すらつけられない。このころは、おそらく研究者の9割方は銀河系内起源だと思っていただろう。というのも、遠方宇宙起源だとすると全エネルギーが膨大になってしまい、超新星爆発のエネルギーよりもはるかに大きくなってしまうからで、一部の研究者を除いて、誰もそんなことを信じなかったのである。

この問題に大きな衝撃を与えたのは、1991年に打ち上げられたコンプトン衛星であった。この衛星に搭載されたBATSE（バッツィー）検出器は、9年間に2704例ものGRBを検出し、図4-4に示すようなおおまかな方向分布を提示した。もしわれわれが住んでいる天の川銀河の中で発生しているのならば、銀河面（銀経±180度、銀緯0度付近）に分布が集中するはずだが、観測された方向分布は極めて等方的で、どこにも偏りがなかったのである。つまりGRBの発生位置はわれわれの銀河系の外ということで、9割の研究者たちは完全にだまされていたのだ。しかし、これだけでは銀河系を取り囲むハローに存在しているのか、それともずっと遠い宇宙から来てい

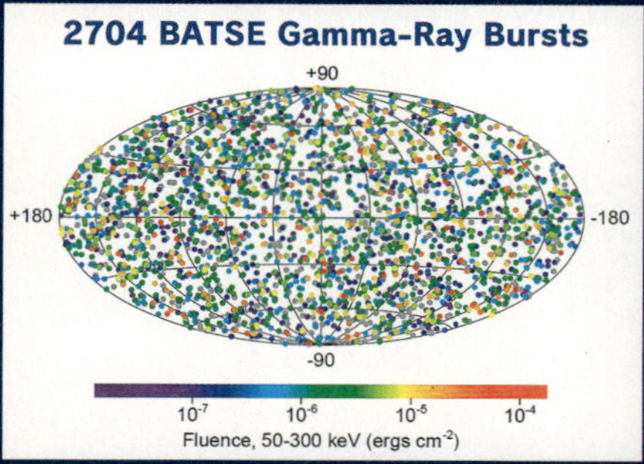

赤色ほど明るいGRBで青色になるほど暗いGRBを示している。どの明るさに対しても偏りはなく極めて等方的である

（出典：BATSE）

図4-4 GRBの方向分布を銀河座標系に描いたもの

るのかの決定的な解決にはならなかった。発見から30年近くの間、研究者たちは正体不明のGRBに翻弄されつつも、手探り状態でGRBの特性をつかもうと努力していたのである。

3. 残光の発見によるブレークスルー

そして、1996年に打ち上げられたイタリア・オランダのX線天文衛星BeppoSAX（ベッポサックス）によって、GRBの研究にとって最大といっても過言ではないブレークスルーがもたらされた。BeppoSAX衛星に搭載されていた広い視野をもったGRB検出器を用いて、1997年2月28日に発生したGRB970228（GRBは西暦の下2桁と日付で名前をつける）の詳細な方向決定に成功したのだ。GRBを検出してから8時間後に人工衛星を動かしてX線望遠鏡で発生方向を観測してみると、とても明るく輝く未知のX線天体を発見したのである（図4-5左）。BeppoSAXチームはその後も観測を続けたが、3日後には、ほとんど見えないほどに暗くなっていた（図4-5右）。この当時まで、GRBは数10秒間しか輝かない現象だと思われていたが、実はゆっくりと暗くなっていく「残光（アフターグロー）」を伴っていることがわかったのである。

日本でも、「あすか」衛星を使って精力的な観測が行われた。このX線残光は、時間に対してベキ関数で減光するという性質を持つことが明らかになってきた。実は、自然現象で時間のベキ関数に従うものはとてもめずらしい。放射性同位体が減衰する様子は時間の指数関数で表せるし、熱が逃げていく様子も時間の指数関数である。コンデンサに貯めた電荷が放電するのも指数関数だし、西部劇の飲み屋のドアは振動しながら指数関数的に動かなくなる。ところが、超新星爆発の衝撃波が広がる様子は、時間のベキ関数

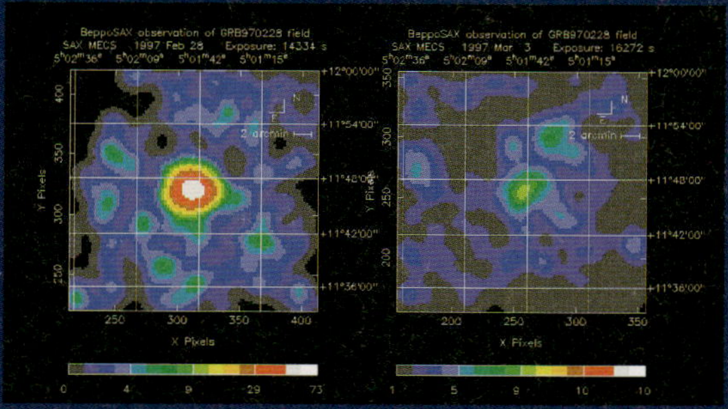

左はGRB発生から8時間後で明るく輝いているが、3日後には右のように暗くなっていた

（出典：BeppoSAX）

図4-5 BeppoSAX衛星が初めて捉えた残光のX線写真

で表される。これは、宇宙の天体現象の中では有名な話である。超新星との類似性から、GRBもなにかが爆発したときに発生するのだという考えが浸透していった。

このようにX線残光が見つかると詳細な方向がわかるので、地上望遠鏡でも追観測ができるようになり、可視光でも残光が見つかるようになった。GRB970508に対しては、超大型のKeck望遠鏡が可視光残光の分光観測を行い、距離の測定に成功したのである。赤方偏移にして0.835（70億光年）というものであり、研究者たちの想像をはるかに超えた遠方宇宙で発生していたのである。その後も続々とGRBまでの赤方偏移が測定され、100億光年も遠くの宇宙で発生していることが揺るぎない事実となった。

また、GRBの発生方向に銀河（GRBを抱えているという意味で、母銀河と呼ばれる）が見つかる例も出てきた。可視光残光が発見される位置は母銀河の中心から離れた部分で、どうやら新しい星が次々に生まれてくる星形成領域であるらしい。銀河の中心には巨大なブラックホールがあって、とても激しく活動している場合もあるのだが、GRBはけっしてそういう変わった場所ではなく、銀河の腕の中で発生しているのだ。GRBの母銀河は多くの場合、2つ3つの銀河が衝突・合体している。もしかしたら、銀河同士の相互作用で星形成が活発になり、GRBを発生させるような星が誕生しやすくなっているのかもしれない。

さて、GRBまでの距離が測定できたので、ガンマ線放射の全エネルギーを見積もれるようになった。非常に遠方で発生しているにも関わらず、とても明るく見えるということは、膨大なエネルギーを解放しているに違いない。計算してみると、明るい例では10^{47}ジュールに達する例も存在することがわかってきた。GRBは短時間変動を示すので発生源のサイズが小さいと予想されることは冒頭で述べた。では、小さな領域に大量のエネルギーをガンマ線光子として詰め込んだ場合を考えてみよう。GRBからは、1メガ電子ボルト（1MeV）よりも高エネルギーのガンマ線が発せられている。このとき、2つのガンマ線光子が衝突して電子とその反粒子の陽電子を同時に作り出す素粒子反応が起きる（電子・陽電

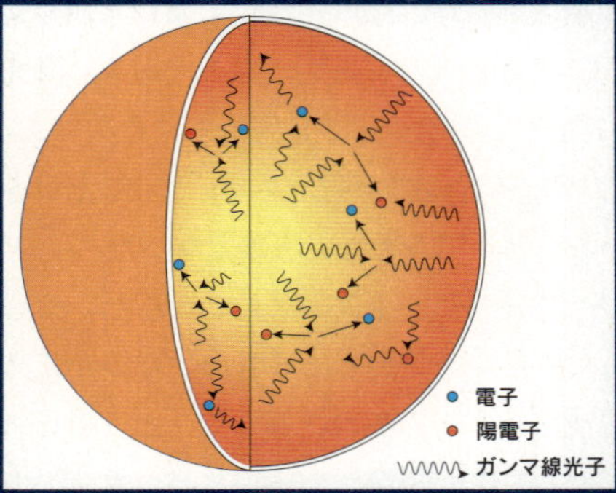

たくさんのガンマ線光子を狭い領域に閉じ込めると、電子・陽電子対を作り出す。ガンマ線は電子や陽電子に衝突して散乱し、外部へは抜け出せない

図4-6 コンパクトネス問題の概念図

子対生成と呼ばれる)。また、そのほかのガンマ線は作り出された電子や陽電子と衝突してしまうので、自由に抜け出せなくなってしまうのだ（図4-6）。これでは、じわじわとガンマ線が染み出してくるだけなので、一気にエネルギーを解放できないし、激しい時間変動も作れそうにない。大量のエネルギーを小さな（コンパクトな）領域に詰め込むとこのような困難に陥るので、これは「コンパクトネス問題」とよばれている。

4. 相対論的火の玉か？

コンパクトネス問題を解決する唯一の手法は、リース博士とメスザロス博士が提案した「火の玉モデル」と呼ばれる理論で、相対性理論を導入することが鍵となる。この理論モデルはX線残光が発見されるより前の1992年に提唱されていたが、GRBの全放射エネルギーが膨大になるという事実を受けて、非常に多くの研究者が注目したのである。

GRBを発生させている物体（放射体）が光速に近い猛スピードで観測者に向かってくる場合を考えよう。このように相対論的速度で運動している物体からの放射を見ると、観測者は次のような2つの勘違いを起こす。

1つ目は、観測者から見て速く動いている物体の時間は凍りつくということである。すなわち、本当はゆっくりとした変動をしていても、観測者にとっては早く変動しているように見えてしまう効果だ。早い時間変動から放射領域が小さいと予想していたのだが、これは間違いで、実際はもっと大きな領域でもかまわないということになる。

2つ目は、観測者が捉える光子のエネルギーと、GRBの放射体が発する光子のエネルギーは異なるということである。観測者は、大量のガンマ線を観測するが、これは相対論の効果でそう見えるだけであって、実はGRBの放射体はエネルギーの低いX線で輝いているのだ。観測者は、1MeV以上の光子をたくさん検出するので、電子・陽電子対が作られると錯覚したのだが、本当はX線で輝いているだけなので対生成は起こらないのである。これら2つの効果によって、コンパクトネス問題は解決されることになる。この相対論的火の玉モデルはコンパクトネス問題を解決するだけでなく、多くの観測事実を説明できるので注目されている。非常に難しい理論であるが、現在の研究の第一線で「基本モデル」として使われている重要な理論であるので、概要をまとめておこう。

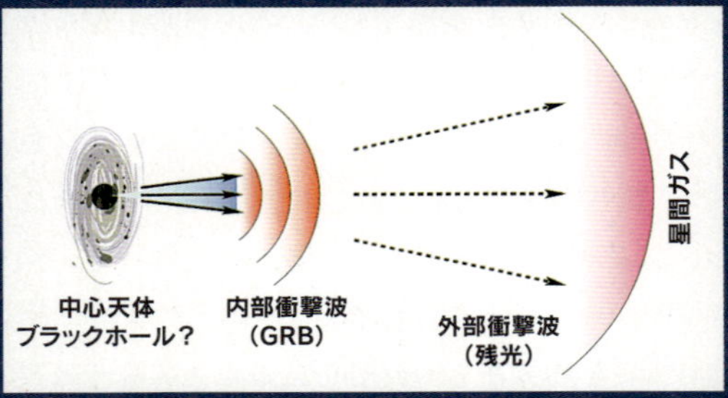

ブラックホール近傍から飛び出した超高速の物質同士が衝突してGRBを作り出す。その後、宇宙空間を走り抜けるときに星間ガスをかき集めながら残光を作り出す

図4-7 相対論的火の玉モデルのようす

図4-7に「相対論的火の玉モデル」の概念図を示した。大質量星が爆発してブラックホールを作るときに、たくさんの重力エネルギーを解放する。このエネルギーが塊となって火の玉が作られたとしよう。大半の物質はブラックホールに吸い込まれるだろう

が、ほんの少しは、火の玉にも陽子や電子などの物質が含まれているだろう。少ない物質に大量のエネルギーを与えるわけだから、物質は大きな運動エネルギーをもって、超相対論的な速度で膨張を始める。それらの物質は、光速の99.99％よりももっと速い速度でジェット状に噴き出すと考えられている。すべての物質が足並みをそろえて同じ速度で走り出すとは考え難いので、少しは速度にムラがあるだろう。前を走る遅い物質に、うしろから速い物質が追突し、衝撃波（内部衝撃波）を作り出す。衝撃波の荒波にもまれて加速された電子は、磁場に絡みつくことでシンクロトロン放射というメカニズムを経由して光を発する。相対論的な速度を持った物質から発せられる光なので、観測者はこれをガンマ線としてとらえるのだ。このような衝突があちらこちらで生じることで、パチッ、パチッ、と明るいパルスがいくつも作られる。このようにして、時間変動の早いGRBができあがると考えられている（図4-7の内部衝撃波）。

さらに、速い物質は前方を走る遅い物質と衝突するので、速度は遅くなってしまう。時間が経つと速度のムラは平均化されて、1つの大きな物質が宇宙空間を駆け抜けていくことになる。宇宙空間にもごくわずかではあるが物質（星間ガス）が存在するので、それらをかき集めながら衝撃波（外部衝撃波）を形成する。そこでも同じように電子が加速され、シンクロトロン放射で輝くことで残光が作られる（図4-7の外部衝撃波）わけだ。以上が、相対論的火の玉モデルのシナリオである。

このモデルで重要な点は、たくさんのエネルギーが少量の物質に与えられるという点で、これが相対論的速度を実現する鍵となる。もし、たくさんの物質が含まれていたら、物質の膨張速度は遅いままで、超新星爆発のようになってしまう。少量の物質を含んだ火の玉をどのように作り出すのかは難しいところであるが、ブラックホールのような吸い込む場所があったら実現可能かもしれない。だからこそ、多くの研究者はGRBがブラックホールの誕生の瞬間だと考えるのである。このモデルのすぐれたところは、1つの出発点から、GRBのガンマ線放射と残光現象の両方をじょうずに記述するという点である。特に残光現象は、とても高い精度で観測結果を表しているのだ。

5. 即時通報システムがもたらす新しい世界

BeppoSAX衛星の活躍で残光を発見し、GRBが遠方宇宙起源であることまではわかった。しかし、人工衛星での観測という性質上、どうしても抜けられない壁があったのである。

通常の人工衛星の運用は、オペレーションセンターから見える場所を人工衛星が通り過ぎるときに、データを取得し、指令コマンドを送信して次の観測に向かう。そうすると、人工衛星がGRBを検出したとしても、オペレーションセンターの頭上を通過するまで、われわれはGRBの情報を知ることができない。そこに時間のロスが生じる。さらにX線残光を観測して詳細な発生方向を決定するのにも時間が必要であり、世界中の観測者が情報を知るのは、少なくとも6時間以上経過したあとになってしまう。残光は時間が経つにつれて、どんどん暗くなるので、なるべく早くから観測したほうが有利である。しかし、時間という壁を越えるのは原理的に無理だったのだ。

そのようななか、アメリカ・フランス・日本の国際協力チームは、この時間の壁を越えるべくしてGRB観測専用のHETE-2（ヘティ2）衛星という計画を進行していた。HETE-2衛星はGRB発生から数十秒で発生方向を決定し、インターネットを経由して詳細な発生方向を地上の観測者に知らせる機能を持っていた。GRB発生の通報時間を短縮するカラクリを図4-8に示す。HETE-2衛星を常に赤道上空を周回するような軌道に投入し、赤道上の各国にたくさんのオペレーションセンターを建設する。そうすれば24時間、いつでも衛星と通信できる環境が整う。

さらに賢いのは、GRBを検出すると人工衛星のコンピュータが自動的にデータ解析を行い、詳細な発生方向を割り出してくれるという点である。まったく人の手を介在せずに発生方向を割り出し、リアルタイムでデータを地上に転送することが可能になったのである。

GRBの発生情報は、ガンマ線バースト位置情報ネットワーク（GCN）と呼ばれる情報集積サイトで取りまとめられ、インターネット（電子メールなど）を使って世界中の観測施設に提供される。このような即時通報システムは、GRB発生直後の姿を観測できるという革命をもたらしてくれた。

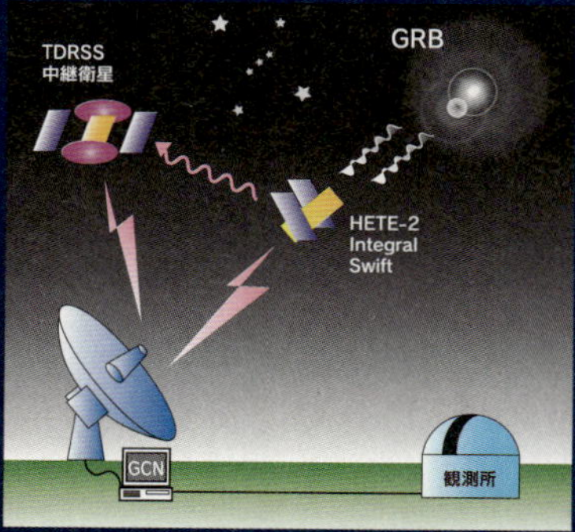

人工衛星がGRBを検出すると、即座に方向を決定し、リアルタイムで地上に情報を転送する。人工衛星の直下に通信できるアンテナがない場合は、データ中継衛星を使う場合もある。情報を統括するGCNは、インターネットを経由して世界中の観測施設へGRB発生情報を提供する

図4-8 GRBの即時通報システム

さらに、2004年に打ち上げられたSwift（スウィフト）衛星は、GRBを発見すると自分の判断で向きを変え、X線残光の観測を開始する機能まで付け加えられた。このように即時通報システムという新しい技術により、地上からは可視光・近赤外線・電波での観測、それに宇宙空間ではX線・ガンマ線の観測と、すべての波長でGRB発生直後の姿を捉えられるようになったのである。

これまでは観測開始時間が遅く、残光が暗くなっていたために大型望遠鏡しか可視光残光の検出ができなかったが、即時通報の体制が整うと、30cm程度の望遠鏡でもGRBの残光が検出できるようになった。観測所や大学の研究者だけでなく、アマチュアの人たちも観測に参加できるようになってきた。

GRBの発生直後からの観測が実現した例をいくつか示そう。GRB021004では、HETE-2衛星の即時通報システムを経由して、48秒後にはGRBの発生情報を手に入れることができた。このGRBは赤方偏移が2.3（107億光年）の距離であるにも関わらず、15等級程度の明るさで発見され、国内でも30cmの望遠鏡で検出に成功したグループもいるほどだった。GRB発生直後は極めて明るいので、もっと遠方で発生したとしても容易に検出できるのではないかと考えられるようになってきた。

また、もっとも有名なGRB030329は日本が夜の時間に発生したために、国内の大学や観測施設が重要な役割を果たした。アマチュア観測家の方も多大なる貢献をしてくれた。このGRBもHETE-2衛星によって検出され、1.2時間後からの観測が行われた。12等級にも達する残光が発見され、これまでの残光の中でも、もっとも明るい部類に含まれた。VLTという大型望遠鏡で分光観測した結果、赤方偏移が0.168（21億光年）と、比較的近いところで発生したこともわかった。距離が近かったために、凄まじく明るい残光を捉えることに成功したのである。このGRBは明るいだけではなく、超新星爆発と同時に発生したということで話題となったのだが、この点についてはあとの章でくわしく述べることにする。

次に、Swift衛星が捉えたX線残光の奇妙な振る舞いについて紹介しよう。BeppoSAXの時代には、GRB発生後6時間以上経過してからの姿しか捉えることができなかった。どのGRBでも単純に時間のベキ関数に従った減光を示していたので、最初から最後までこのような調子なのだと予想されていた。しかし、Swift衛星がGRB発生の100秒後からX線残光の観測を行うと、図4-9に示すような非常に複雑な振る舞いを見せていたのである。GRBのガンマ線放射の終了とともに急激に減光し、しばらく一定の光度を保つ。その後、以前から知られている減光に転じている。なかにはX線で増光するケースもあり、X線フレアと名づけられた。BeppoSAXの時代には、まったく予想できないようなことが起きていたのだ。

最初の急激に減光する部分は、GRBのガンマ線放射の名残りと考えられそうである。ガンマ線とX線の両方の光度曲線をいっし

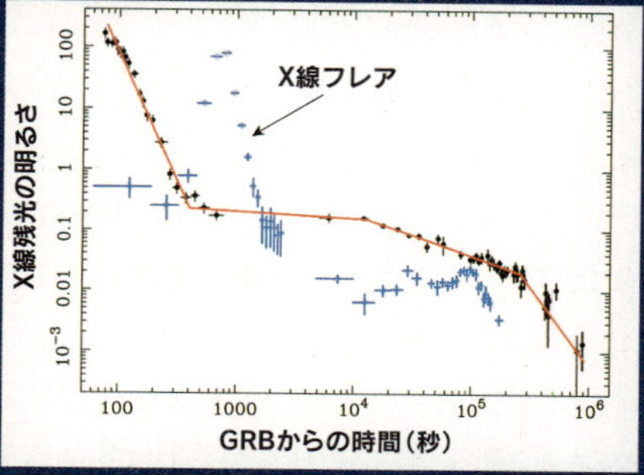

とても早く衰退し、その後定常状態を保ったあと、昔から知られているような時間のベキ関数に従った残光を示す。時には、X線フレアが発生する場合もある

図4-9 Swift衛星が捉えた初期X線残光の光度曲線の例

ょに描くとキレイにつながり、スペクトルの時間変化も連続しているように見えるからである。これまでに知られていた減光部分は、火の玉モデルの外部衝撃波で見事に説明できる。いちばんやっかいなのは、光度を一定に保つ部分で、誰もが納得する解答は得られていない。中心のブラックホールが活動的な時間は、GRBの継続時間と同程度の数10秒間だけだと考えられていたが、もっと長く、じょじょにエネルギーを解放することで明るさを保持しているのかもしれない。

6. GRBの御本尊

GRBを発生させる本体について言及しておこう。膨大なエネルギーを解放するのでブラックホールの形成に関与しているだろうとは予想されていたが、2つの対立するモデルが存在していた。1つは大質量星の爆発説で、もう1つは中性子星－中性子星連星の合体説である。継続時間の長いロングGRBの観測では、可視光残光が母銀河の星形成領域に存在していることから、大質量星崩壊説を支持していたが、決定的な証拠は得られていなかった。

最初にGRBと超新星爆発の関連性が騒がれたのは、GRB980425というイベントだった。このGRBは赤方偏移が0.0085（1億光年）で発生したもので、現在でももっとも近いナンバーワンである。このGRBとほぼ同時に、まったく同じ方向で超新星爆発SN1998bwが発見されたのだ。しかもこの超新星のエネルギーは通常より1桁も大きく、極超新星と呼ぶに値するものであった。エネルギーの大きな超新星だからGRBを発生してもよいと考えられるが、肝心のGRBのエネルギーは通常よりも5桁も小さかったのだ。研究者の中には、SN1998bwは1億光年先で発生したが、たまたま偶然、同じ方向のずっと遠い場所でGRB980425が発生したと考える人も出てきた。これに対する明確な答えは出ず、うやむやのまま時が流れた。

ここで登場するのが、もっとも有名なGRB030329である。このGRBは先に述べたように、かなり近傍で発生したため、世界を股にかけての詳細な観測が行われた。残光の初期は通常通りのベキ関数で減光し、スペクトルもキレイな非熱的放射であった。継続して観測を続けていると、発生後10日あたりからスペクトルの形状が変化していき、図4-10に示すような複雑な構造が現れたのだった。このスペクトルはSN1998bwのものと形が非常に似通っていて、明らかに超新星爆発であると断言できる。ここで発見された超新星はSN2003dhと名づけられた。連続的に残光を観測していたら、中からひょっこり超新星が出現したという筋書きである。しかもGRB030329のエネルギーは普通のGRBと同等であり、誰もがうなずくGRBと超新星の関連性が示されたのであった。

誰もがGRBと超新星の関連性に納得しているなか、また新しい

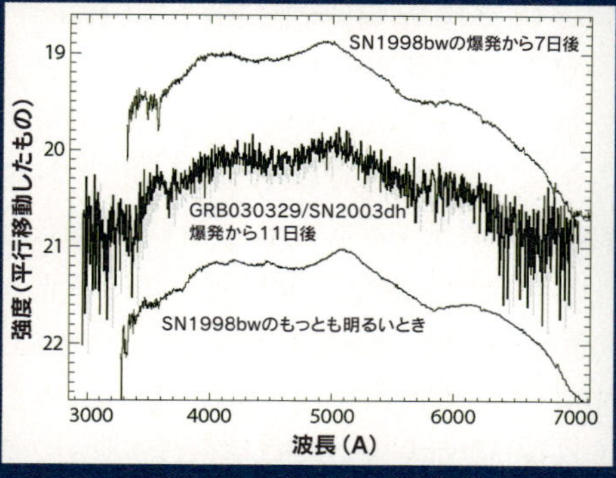

GRB030329の残光を連続観測しているなかで検出されたもので、まぎれもなくGRBと超新星の関係が示された

図4-10　SN2003dhとSN1998bwを比較したスペクトル

事態が発生した。Swift衛星が捉えたGRB060614というイベントも近く（赤方偏移0.125, 16億光年）で発生し、たくさんの観測が行われた。これはGRB030329と同じくらいの距離であるから、超新星爆発が現れることが期待されていた。誰もが超新星を見つけだそうと、躍起になって競争していたのである。ところが、継続して観測を続けてみたものの、いつまでたっても超新星が現れないのだ。種類の違うGRBなのか、ブラックホールにすべての物質が吸い込まれてしまったのか、研究者たちはいろいろと思案を重ねている最中である。

最近、もう1つの候補である中性子星連星の合体説に、ふたたび注目が集まってきている。なぜなら、これがショートGRB の有力な候補と考えられるからだ。ショートGRBはほんの一瞬だけしか輝かないので方向決定ができないでいたが、Swift衛星によってGRB050509Bというショート GRBの方向決定に初めて成功したのである。しかも、人工衛星や望遠鏡で追観測したところ、残光らしき現象を発見したのである。残光の極めて近くには楕円銀河とよばれる種類の母銀河も写っていた。昔から楕円銀河というのは年老いた銀河と考えられていて、新しい星はほとんど誕生せず、質量の軽い星ばかりが存在する銀河だと思われている。大質量星が存在しないので、超新星爆発を伴ったGRBが起こるとは考え難い。筆者の知るかぎりにおいて、ロングGRB の母銀河が楕円銀河であった例は1つもない。中性子星の連星はお互いの周りを公転しながら、重力波という形でエネルギーを放出し、ゆっくりゆっくりと接近する。100億年程度の長い時間の末、お互いが衝突・合体することになるので、楕円銀河のような年老いた銀河の中に存在しやすいと考えられる。そのような理由で、楕円銀河から発見されたショートGRBと、中性子星連星の合体を結びつけて考えるようになったのだ。

7. これからどこへ向かうか？

最後に、近い将来に解明すべき事柄、実現すると予想される事柄を述べておこう。

これまでに発見されたもっとも遠い銀河は、すばる望遠鏡で捉えた赤方偏移6.96（127億光年）というものである。WMAP衛星による宇宙マイクロ波背景放射の観測で、宇宙の年齢は137億年と測定されたので、宇宙誕生後10億年しか経っていない姿を観測したことになる。このころに銀河が作られていたということは、たくさんの星々も輝いていたことがうかがえる。もし、そのような遠方の星がGRBを起こしたら観測できるだろうか？　答えはイエスである。本章で何度も述べたように、GRBは短時間ではあるが非常に明るく輝き、1つの銀河の明るさと比べても桁違いに明るい場合もあるのだ（図4-11）。GRBが遠方宇宙起源であることが判明して10年しか経っていないが、すでに赤方偏移6.3（126億光年）が測定されており、銀河の観測に匹敵するところまで急成長してきた。GRBが実際に遠くで発生していると証明されたし、もっと初期宇宙で発生したGRBの検出が期待される。われわれの向かうべき道の1つとして、最遠の宇宙を探査するという大きな目標があげられるだろう。

遠くの宇宙に絡んだ重要なトピックをもう1つあげよう。それは宇宙で最初に輝いた、本当の意味での「一番星」を見つけることである。現在、宇宙論学者たちは、宇宙で最初に作られた星は太陽の100倍以上の質量をもつ大質量星のはずだと考えている。しかもそのような星が、あちらこちらにひんぱんに作られたと主張

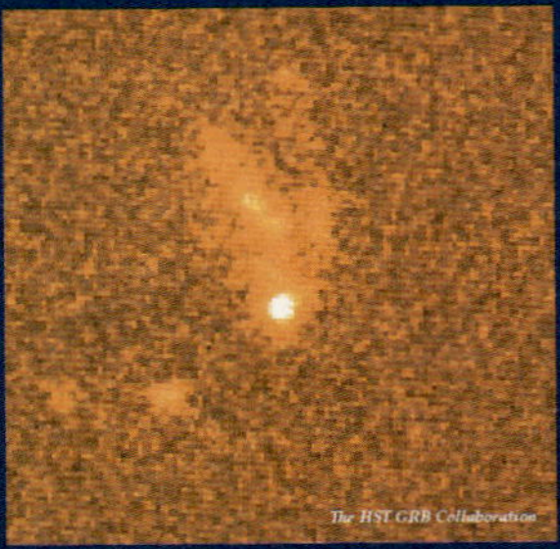

中央で明るく輝いているのが GRB 990123 の可視光残光で、複数の銀河が衝突している様子が同時に撮影された。残光は銀河と比較しても圧倒的に明るいので、非常に初期宇宙で発生しても観測可能である。

図4-11 可視光残光と母銀河

しているのだ。それならば、この一番星が爆発するときにGRBを起こすはずだと考えるのは自然であろう。実際、筆者らがたくさんのGRBの観測データから発見した「21世紀版ハッブルの法則」とも呼べる経験則（図4-12）を使って、赤方偏移10（130億光年）よりも遠い初期宇宙でもGRBが発生していると予想している。

宇宙の始まりはビッグバンであり、ほとんどが水素ガスだけでできた世界だった。星とよばれる天体は1つもなく、ただガスだけが存在する寂しい宇宙だったのである。しかし、現在は無数の星があり、銀河があり、いろんな種類の天体が混在する動物園のような楽しい宇宙が広がっている。宇宙で最初に輝いた星は、いつ、どのように作られたのか？　どんな性質の星だったのか？　そういう宇宙の古代史を、GRBを使って解き明かしたいと考えている。

GRBが、エネルギーの大きな極超新星と同時に発生することは観測的に確かめられた。しかし、その中心には本当にブラックホールが存在するのかを確認した研究者はいない。実体のある星という存在が、本当にブラックホールという時空の落とし穴に吸い込まれていくのだろうか？　そんなところで相対論的火の玉が作られて、ジェットが噴き出すのだろうか？　まだまだ謎の多いブラックホールではあるが、GRBの観測でその誕生の瞬間を見ることは重要な課題だ。

本章で示したように、GRBの観測や理論解釈は日進月歩である。だからこそ、筆者は揺るがぬ観測事実をベースに話を展開してきた。しかし、かつて9割の学者を裏切ったGRBである。これから先、誰も予想しえなかった新しい事実が発見される可能性が大いに潜んでいる。X線残光が発見されてから10年。科学的成果が急成長しているとはいえ、まだまだ若い学問である。近い将来にも高性能のGRB観測衛星の計画があり、地上にも大きな観測装置が建設される予定である。これからも1つの研究分野として、ますますの発展を遂げていくことを期待していただきたい。

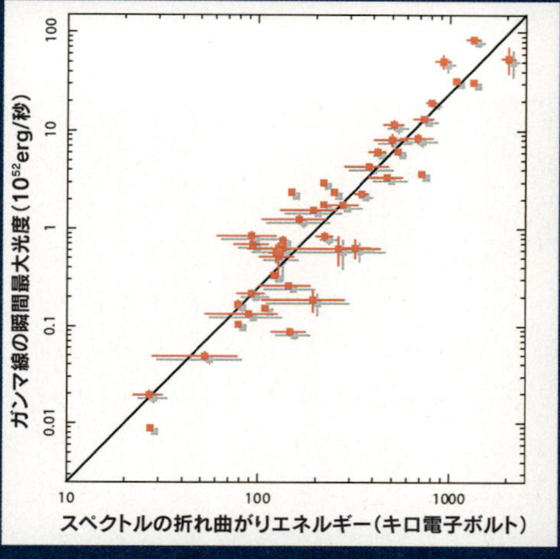

スペクトルの折れ曲がりのエネルギーが大きいほど、瞬間最大光度も大きいという強い相関が見られる

図4-12　赤方偏移が測定されたGRBの解析から見出したガンマ線スペクトルの相関関係

第二部　宇宙の最前線

Part 5　降着円盤最前線：ブラックホールシャドウと新モデル

高橋労太（東京大学）、渡會兼也（金沢大学附属高校）、福江純（大阪教育大学）

1. ブラックホールは見えるのか？

現在までに、ブラックホール候補天体は数多く見つかっているが、ブラックホールはいまのところ、直接のイメージとしては観測されていない。その理由は、予想される見かけのサイズがあまりにも小さく、現在の望遠鏡の能力では分解できないからだ。

いままでに知られているブラックホール候補天体の中で、見かけのサイズがもっとも大きいのは、われわれの銀河系中心に存在するSgr A*（サジタリウスAスターと読む）である。このブラックホールの地球からの見かけのサイズはだいたい45マイクロ秒角

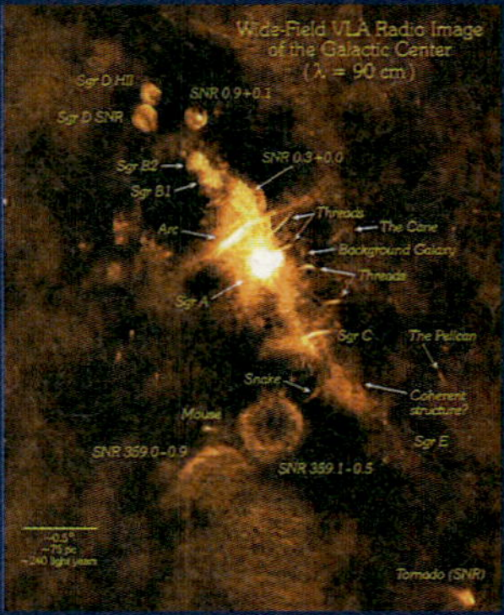

（出典：http://www.nrao.edu/imagegallery/php/level3.php?id=326、NRAO/AUI and N.E. Kassim, Naval Researh Laboratory）

図5-1 われわれの銀河系中心にあるSgrA*

程度であると考えられており、これは東京都庁から見た富士山頂の人の顔のうぶ毛の太さくらいのサイズに相当する（1秒角は1/3600度、1マイクロ秒角は100万分の1秒角）。

次に見かけのサイズが大きいブラックホール候補天体は、おとめ座銀河団の中心にある楕円銀河M87の中心にあるもので、見かけのサイズはだいたい33マイクロ秒角程度である。将来、もっとも早く直接に観測されるブラックホールはSgr A*（図5-1）またはM87（図5-2）の中心にあるブラックホールであろう。

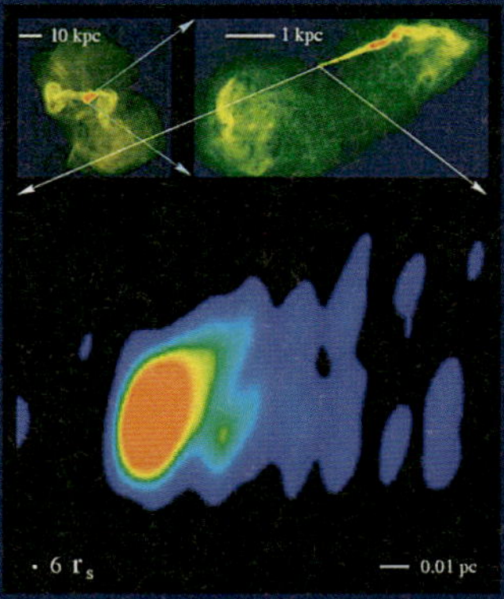

（出典：http://www.nrao.edu/image-gallery/php/level3.php?id=56、NRAO/AUI）

図5-2　電波で見た楕円銀河M87の中心領域

これらのブラックホールを見るためには超高分解能をもつ望遠鏡が必要であり、そのような望遠鏡は干渉計技術というものを用いれば実現できる。もちろんブラックホール自体が見えるというわけではない。しかし、ブラックホールはしばしば、その強大な重力によって周囲の物質を絶え間なく吸い込んでいる。すると物質が狭い領域に集められるので、高温高密度になり、重力エネルギーの一部が光のエネルギーとして解放されるのだ。高分解能の望遠鏡は、ブラックホールが吸い込む物質から出るこれらの光を観測することによって、光の中の暗い影としてブラックホールを捉えることになると考えられている。闇夜のカラスは見えないが、背後から光を当てればシルエットは見える理屈である。

ただし、実際はそれほど単純ではない。というのも、ブラックホールの周囲の物質が放つ光の量が多すぎても少なすぎてもブラックホールは見えないという変なことになっているためだ。

まず、放つ光の量が少ない場合には、もちろん望遠鏡に届く光の量も少なくなり、いくら高分解能であるとはいっても、暗すぎて見えないだろう。逆に、光の量が多すぎる場合には、ブラックホールの近くから発した光が外に出てくることができないので、望遠鏡までブラックホール近くの光が届くことはない。これは、太陽の中心から来る光がわれわれのところに直接届かないために、太陽の中心を直接、観測できないということと同じである。太陽の場合には、光のすべての波長で中心が見えないのであるが、幸いなことにSgr A*とM87の中心のブラックホールの場合には、電波領域の光とエネルギーの高いX線からガンマ線領域の光が中心から出てくることができると理論的に予想されている。

というわけで、見かけのサイズの大きいSgr A*とM87の中心のブラックホールを直接見るためには、超高分解能の望遠鏡を用いて、電波またはX線・ガンマ線の光をとらえればよい。これらの観測は早ければ2010年代、遅くとも21世紀の前半のうちには実現されるはずである。

2. ブラックホールの周りで光は曲げられる！

高分解能の望遠鏡があれば銀河系中心のブラックホールが直接観

測されることがわかったが、では、ブラックホールはどのように見えるのであろうか？　理論的に予想してみよう。その際に避けては通れないことの1つが、ブラックホールの周りで光が曲げられるということだ。光は最短距離の道筋を進むという性質がある。重力が強くない普通の空間では最短距離は直線であるため光は直進する。しかし、ブラックホールの周りでは超強重力のために、最短距離の道筋は曲線となるのだ。その結果、光はブラックホールの方向に曲げられる。図5-3は、回転していないシュバルツシルト・ブラックホールの周りの光の軌道である。

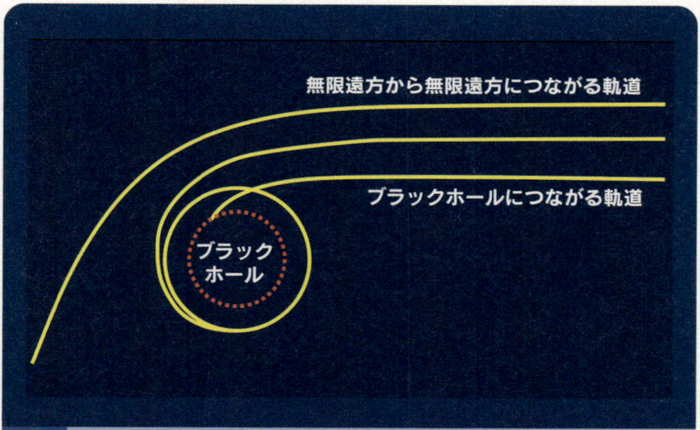

図5-3　回転していないブラックホール近傍での光の軌道

光の軌道の衝突係数（光が曲げられなかった場合の再接近距離）の違いによって、

（1）ブラックホールに直接落ち込む軌道

（2）ブラックホールの方向に曲げられるが、ブラックホールに落ち込まずに無限遠方から入ってきて無限遠方に出ていく軌道

(3) それらの軌道の境界をなす軌道でブラックホールの周りをずっと回り続ける軌道

の3パターンに分類される。ブラックホールが回転している場合にも、この3パターンに分類されることは同じである。

では、次にブラックホールの回転の効果を考えてみよう。宇宙に回転していない星がないように、ブラックホールも当然回転していると考えるほうが自然であろう。ブラックホールの回転は、ブラックホールの周りの光の曲がり方にも大きく影響する。ブラックホールが回転をしている場合には、ブラックホール周囲の時空が回転に引きずられる。その結果、光は回転しながら最短距離を進むことになるのだ。図5-4に、回転するブラックホールの周りの光の軌道の例を示す。

図5-4は、回転軸の真上から見た場合の赤道面上の光の軌道を図示してある。ここでは、ブラックホールは反時計回りの方向に最大回転しており、ブラックホールに落ち込む軌道のみを描いてある。

ブラックホールの回転軸の真上から見た図で、赤道面での光の軌道になっている

図5-4 最大回転しているカー・ブラックホール近傍での光の軌道

真ん中の光が巻きついている円は、物質や光の外側から内側への一方通行の面を表し、これ以上内側に入ったものは出てくることができない領域である。この面を、「事象の地平線」という。いずれの軌道もブラックホールの事象の地平線につながる部分では、ブラックホールの回転方向に強く巻き込まれている。また、ブラックホールの回転と逆の回転の勢いをもつ光のほうが、より大きい無限遠での再接近距離をもつことができるので、ブラックホールに入り込みやすい。つまり、ブラックホールが光を吸い込む場合には、自分自身の回転を弱くするように光を吸い込む傾向がある。

3. ブラックホールは光の中の影

ブラックホールの周りの光の軌道と、ブラックホール周囲から放出される光の量を、一般相対性理論に従ってていねいに計算することによって、直接観測した場合のブラックホールのイメージを理論的に表現することができる。図5-5に、光の中に見える「ブラックホールの影」の理論的予想図を示そう。

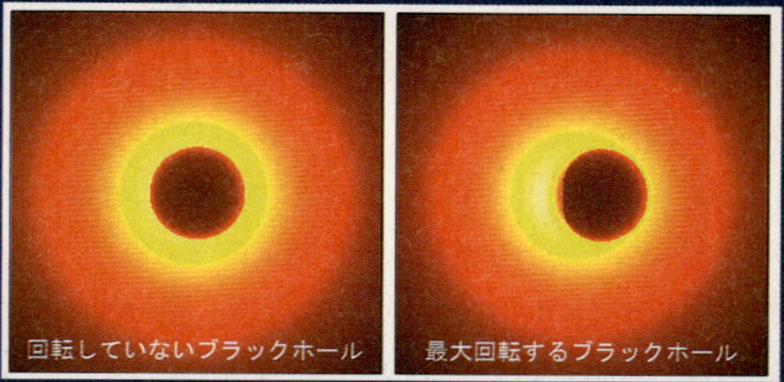

左は回転していないブラックホールの場合で、右は回転しているブラックホールを真横から見た場合

図5-5 銀河系中心のブラックホールイメージ

図5-5は、一般相対論に従って計算したブラックホールのイメージである。左の完全な円形の図は回転していないブラックホール（シュバルツシルト・ブラックホール）の影で、右の少し歪んだ図は最大回転したブラックホール（カー・ブラックホール）の影である（真横から見た場合）。ブラックホールの周囲の光の放出率分布は実際の観測とあまり矛盾しないものを用い、ブラックホールの影のイメージは電波で観測した場合を想定している。

まず、左の回転していないブラックホールの影に注目してほしい。中心の円形の黒い影は、図5-3で説明した光の軌道と対応している。ブラックホールに落ち込む軌道の部分では、軌道の長さが相対的にほかのパターンの軌道よりも短いために、軌道上の光の量が相対的に周りよりも少ない。それと、重力赤方偏移（重力により光のエネルギーが下がる効果）のため、より暗く見えるようになる。一方で、無限遠方から無限遠方につながる軌道は、軌道の長さが相対的に長いということと、重力の効果により暗くなる効果が小さいことから、明るく見えるのだ。境界をなす軌道は、黒い影の輪郭を形成する。

ここで注意すべきことは、相対的に量が少ないながらも、中心の黒い影の部分からも光がきているということである。つまり、ブラックホールの作る影は、光の量が相対的に少ない領域、つまり、暗い領域として観測される。ブラックホールの見え方という観点に限っていえば、ブラックホール＝“黒い穴”というよりは、ブラックホール＝“暗い穴”といったほうがより正確である。

次に、右の回転している場合を見てみよう。光の軌道がブラックホールの回転方向に巻き込まれる結果、ブラックホールの影は少し縦長になり、さらにブラックホールの質量中心に対して影の位置全体が少し偏った感じになる。ブラックホールに落ち込む軌道と無限遠方から無限遠方へとつながる軌道との境界をなす軌道が、ブラックホールの影の輪郭を形成しているという点は、回転していないブラックホールの場合と同じである。この影の位置と歪んだ形状から、ブラックホールがどの程度回転しているのかを決めることができ、時空の歪みぐあいを表す計量の決定につながるものと期待される。ブラックホールの影が観測される日が待ち遠しい。

4. ブラックホール天体はなぜ明るく輝いて見えるのか？

　ここまでは、将来、ブラックホールはいかに観測されるのか(見えるのか)、という点に焦点を絞って話を進めてきた。一方で、いままで発見されているブラックホール候補天体はどれも、直接のイメージが観測されてはいない。ブラックホールが文字通り“黒い穴”として直接観測されていれば話は簡単なのであるが、ブラックホール発見の歴史はそのような道を歩まなかった。では、なぜ、現在数多く発見されているブラックホール候補天体は、ブラックホールだと考えられているのだろうか？（図5-6）

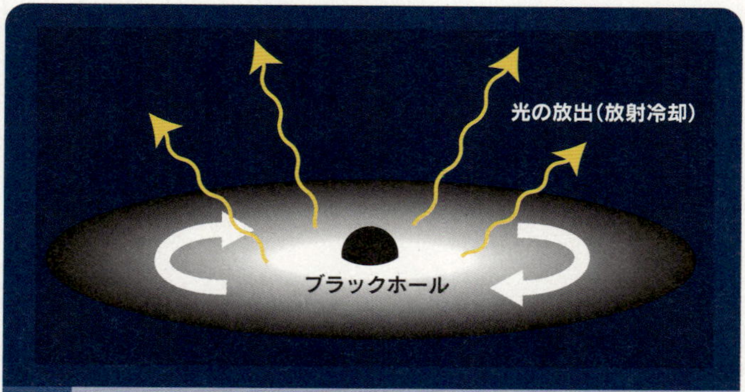

図5-6 ブラックホールと標準降着円盤

いまから約40年前の1963年、今日、クエーサーと呼ばれる奇妙な天体が発見されたことから、ブラックホール天文学の歴史は始まる。クエーサーは、放射されるスペクトル線が大きな赤方偏移を示すことから非常に遠くにある天体であると考えられた。にも関わらず、クエーサーは銀河系内の星と同じくらい明るく輝いていたのだ。遠くにあるのに明るく見えるということは、クエーサーが莫大な量の光を放出していることを意味している。たとえば、3C273と呼ばれるクエーサーからは、典型的な銀河全体の明るさの約1000倍ものエネルギーが放出されていた（図5-7）。非常に狭

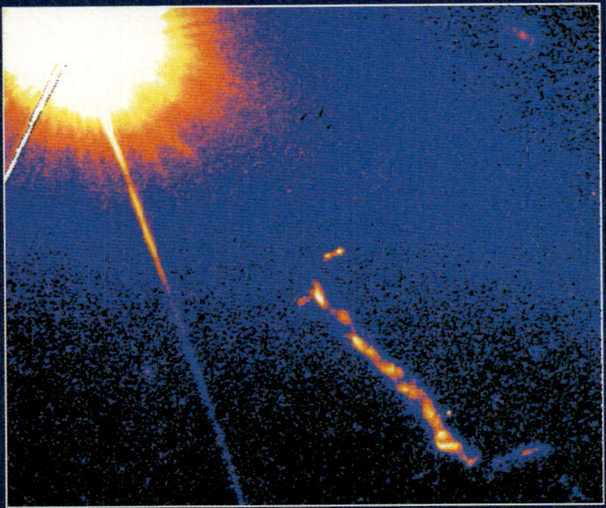

左上がクェーサー本体で右下にジェットが延びている
（提供：NASA/STScI）

図5-7 ハッブル宇宙望遠鏡が撮像したクェーサー3C273の可視光画像

い領域からどのように莫大なエネルギーを放出するのであろうか？　という謎はしばらくの間、誰も解くことができなかった。

クエーサーのエネルギー源として、太陽の中で起こっているような核反応なども考えられたのであるが、クエーサーのエネルギーを説明しようとすると、いずれも現実的ではなかった。クエーサーの発見から6年後の1969年、クェーサー放射の原因はブラックホールのようなコンパクトな天体の周りにできた“降着円盤”からの強烈な放射だという現実的なモデルが当時ケンブリッジ大学のリンデン・ベルによって与えられた。この降着円盤というのは、天体の重力に引かれて落下してきたガスが、その天体の周囲を回転しながら落ち込みながら形成するガス円盤のことである。

ところで、一見、ブラックホールの重力は非常に強いので、周りの物質もエネルギーもすべて吸い込んでしまうという感じがする。なぜ、コンパクトな天体の周りの降着円盤からエネルギーを解放することができるのだろうか？　解決のポイントは、粘性（摩擦）を介した差動回転による角運動量輸送と、ゆっくりとした重力エネルギーの解放である。差動回転とは、半径ごとに回転の角速度が異なる回転のことである。

さて、円盤が差動回転をしていると、速度が異なるガスが摩擦しあっていることになる。摩擦があると、速度が速いほうのガスは遅くなる向きに力が働き、遅いほうのガスは速度が速くなる向きに力が働く。その結果、内側のガスの回転角速度のほうが大きい場合には、角運動量は内側のガスから外側のガスへと輸送されるのだ。そして角運動量を受け取った外側のガスは、遠心力が大きくなるために、外側に広がり回転角速度が小さくなる。こうして、ガスは、その角運動量を外側へ移しながら、ガス自体は中心へ向けて落下していくことになる。

さらに、ガスの内部で摩擦が働くと、いわゆる摩擦熱が発生する。そのおおもとは重力エネルギーで、すなわち、ブラックホールの重力場で落下するガスの重力エネルギーが、ガスの回転運動エネルギーなどを経ながら、差動回転という機構を介して、最終的にガスの熱エネルギーに変換されるのである。そして、重力エネルギーの解放がゆっくりである場合には、発生した熱エネルギーは光として放射される。このようにして、ブラックホール周りの降着円盤では、重力エネルギーが光による放射エネルギーに転化されていくのだ。しかもブラックホールの重力場はとても強いので、放射されるエネルギーも並々ならぬものとなる。

このような粘性による角運動量輸送機構と重力エネルギーの熱エネルギーへの変換機構をもった降着円盤は、1973年にシャクラとスニアエフが詳細に解析して、今日では「標準降着円盤モデル」とよばれている。標準円盤の厚みは非常に薄く、円盤は不透明で、さらに円盤の表面は黒体放射をしている、といった特徴を持っている。

さて、標準降着円盤の中心にあるブラックホールはどのような姿をしているのだろうか？　標準降着円盤中心に存在するブラックホールの影のイメージをシミュレーションしたのが図5-8だ。左が回転していないシュバルツシルト・ブラックホールのイメージで、右が最大回転しているカー・ブラックホールのイメージである。ともに、降着円盤の回転軸から80度の位置にいる観測者から見たイメージを表示している。赤道面の部分に幾何学的に非常に薄く、光学的に厚い円盤が存在しているために、図5-5のブラックホールの影のイメージとはかなり異なった影の形を示している。図5-5のブラックホールの影と共通している点は、ブラックホールの回転の効果により、影の形状が回転軸に対して左右非対称にな

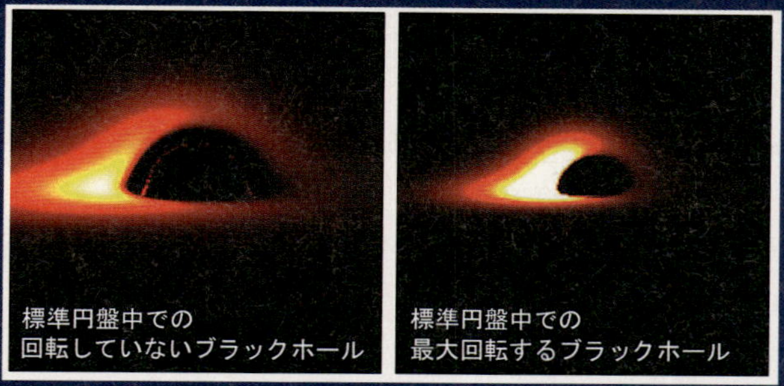

図5-8 ブラックホールと標準降着円盤のイメージ

っているという点である。

ここでひとこと、図5-5で計算したブラックホール影との違いに触れておきたい。図5-5のブラックホールの影は、銀河系中心のSgr A*や楕円銀河M87の中心にあるブラックホールを想定しているのであるが、これらのイメージは標準降着円盤中心のブラックホールの影のイメージとはかなり異なる。なにが違うのであろうか？　実は、図5-5の場合、ブラックホール周囲の物質の密度は、標準降着円盤よりも非常に小さいのである。あまりに密度が低いので、熱エネルギーが放射される効率が著しく悪くなり、ボーとしか光っていないのだ。さらに図5-5では、物質の分布はほぼ球状に広がっている。まとめると、ブラックホールがほぼ透明で球状に分布した高温プラズマガスに覆われていると図5-5のように見えるだろうし、赤道面に不透明で円盤状のガスが広がっていると図5-8のように見えるだろう。先に直接撮像されるのはどっちの像だろうか！

5. とんでもなく明るいブラックホール天体の発見

前節では、ブラックホールの周囲を回転するプラズマガス（降着円盤）からの放射光を通じて、ブラックホールを“観測できる”ことを知った。降着円盤はプラズマガスの運動エネルギーを熱エネルギーへと変換し、最終的に放射のエネルギーとして解放する。この放射されるエネルギー量、すなわち降着円盤の“明るさ”は、おおざっぱにいうと、2つの物理量で決まっている。それは、

(1) ブラックホールの質量

(2) ブラックホールに供給されるガスの量ー質量降着率とよばれる

だ。水力発電所にたとえると、前者がダムの深さに対応し、後者が降水量に相当する。この両者が大きいと、明るさ（発電量）が大きくなる。

通常、ブラックホールの質量は人間が生きている100年くらいの時間ではほとんど変化しない。しかし、ブラックホールに落ち込むガスの量は、天体によってまちまちであるが、人間の時間尺度、数秒から数十秒で変化する。実際に、いままでの降着円盤モデルは質量降着率を調整することで、数々のブラックホール候補天体の明るさを説明し成功を収めてきたのだ。

ところが、1990年代後半から、質量降着率をちょっと変えただけでは説明できないような、“とんでもなく明るい天体”が近傍銀河中に次々と発見され始め、その明るさの起源についてさまざまな議論が巻き起こった。

ここで、ただ“明るい”といわれても具体的にわかりにくいので、「エディントン光度」という概念を紹介しよう。これは中心天

体から＜内向き＞に働く重力と、その天体から放射された光が＜外向き＞にガスを押しやる放射圧とが釣り合うときの光度で、一般的には天体の最大光度を与えると考えられている（図5-9）。そこで、天文学では明るさの指標として、エディントン光度の何%、というぐあいに明るさを表現することがある。エディントン光度は天体の質量に依存する量なので、質量がわかれば計算することができるのだ。たとえば、太陽の10倍の質量をもつ星ならば、そのエディントン光度は太陽の30万倍くらいの明るさである。

1990年代後半から発見された“とんでもなく明るい天体”が議論の的になった理由は、それらの天体が、中性子星のエディントン光度よりも100倍から1000倍も明るかったからだ。一般に、中性子星とブラックホールは似たような観測的性質をもつので両者を区別することは難しいが、実は中性子星には「チャンドラセカール質量」という質量の限界がある。エディントン光度はその天

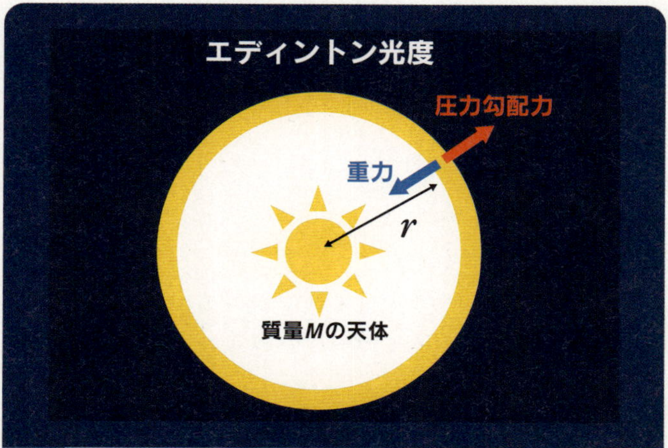

図5-9 エディントン光度の概念図

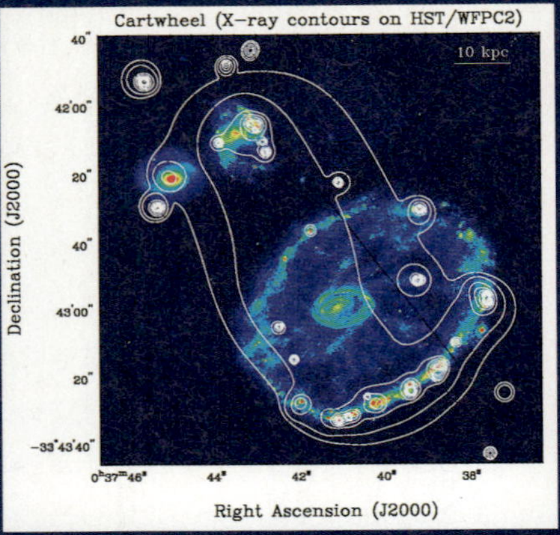

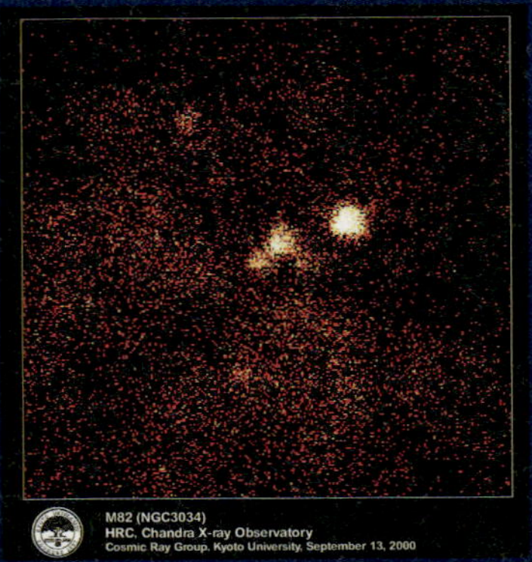

左図はチャンドラ衛星による車輪銀河の観測（Gaoら2003年）（出典：http://arxiv.org/abs/astro-ph/0309253。ハッブル宇宙望遠鏡による可視光でのイメージに、X線観測で得られた等高線を重ねており、等高線の間が狭い部分がULXを示す。この銀河の中にはULXが数多く存在している。右図はスターバースト銀河M82の中心部の観測イメージ（出典：http://www-cr.scphys.kyoto-u.ac.jp/research/xray/press200009/m82_HRC_CentImgMag4.jpg）。銀河の中心とは外れたところに明るい天体が輝く

図5-10 超大光度X線源（ULX）の観測画像

体の質量と結びついている量なので、中性子星のエディントン光度より大きいということは、この“明るい”天体がブラックホールであることを示唆する。しかし、われわれの銀河系内にあるブラックホール候補天体の光度と較べてさえ、それらの“とんでもなく明るい天体”は10倍から100倍も明るいのだ。

これらの天体は「超大光度X線源」とよばれ、その正体はいまだによくわかっていない（図5-10）。実はこれらの天体、銀河系内で見つかっているブラックホール候補天体と観測的な特徴が似ているので、ブラックホール候補天体だと思われている。しかし、従来の理論モデルではその明るさを説明できないことが問題になっている。

6. 降着円盤モデルの新しいパラダイム

いままでの観測事実から、超大光度X線源はわれわれの銀河で観測されているブラックホール候補天体と似ていることがわかっている。では、成功を収めている従来の理論を拡張することで、大きな光度を出すことができないのだろうか？

先に述べたように、大きな天体光度を説明するには、

(1) ブラックホールの質量を大きくして解放できるエネルギーを増やす

(2) 供給するガスの量を増やす

の2通りがある。

質量をアップするシナリオとしては、「中間質量ブラックホール」と呼ばれるシナリオがある。その理屈は以下のとおりである。恒星質量のブラックホールの光度は太陽の1000倍から10万倍である。一方、銀河の中心にあると思われる超大質量ブラックホールの光

度は100億倍から1兆倍である。超大光度X線源の光度はちょうどその中間に位置するため、太陽の1000倍程度の質量をもつ中間質量ブラックホールがあるのではないか、と想像できるわけだ。しかし、そのようなブラックホールの種になる大質量の星を作ることは、恒星の進化の理論からも非常に難しいことが知られており、観測的にも中間質量ブラックホールが存在するという強い証拠はいまのところ得られていない。

一方、ガスの供給量をアップするシナリオは、外からのガスの供給量はいくらでも増やすことができるという利点がある。従来の降着円盤では質量の供給量を増やし続けると、その質量に比例してエネルギーが発生し明るくなる。ただし、ある臨界の質量の供給量を超えると、発生したエネルギーが円盤から出て行くよりも先にブラックホールに落ち込む「光子捕捉」という現象が起こる。この光子捕捉とは、降着円盤内で発生した光子が、円盤の表面から逃げていく前に、ブラックホールに落ち込むガスの流れに光子が捕獲されてしまうという効果だ。このため、実際に降着円盤から出てくる光子の量が減るため、明るさは頭打ちになる。しかし、もともとエネルギーの発生量が多いので明るくなることができるのだ。この状態は「超臨界降着円盤（スリム円盤）」とよばれている。

超臨界降着円盤の特徴について、もう少していねいに説明しよう（図5-11）。プラズマガスの供給量が増えると、大きく分けて2つのことが起こる。1つは、単位面積あたりに通過するガスの量が増大するので円盤内の粘性が高くなるのだ。その結果、ガスが回転する際の勢い（角運動量）が減少して遠心力が弱くなり、中心天体への落ちやすくなる。もう1つは、粘性の増加により円盤内の温度が上昇し、円盤内は放射圧が優勢になる。放射圧は温度の4

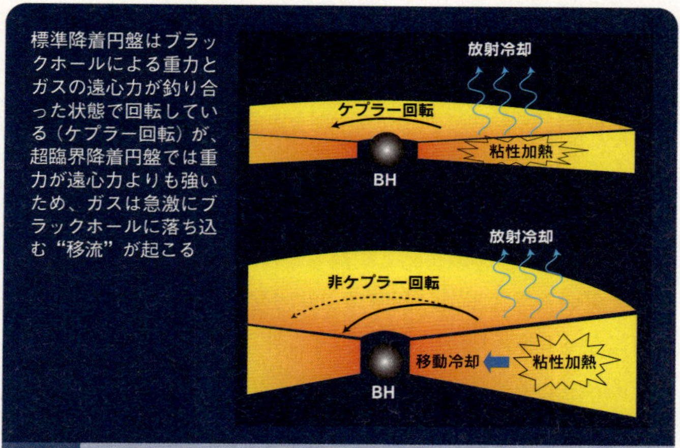
標準降着円盤はブラックホールによる重力とガスの遠心力が釣り合った状態で回転している（ケプラー回転）が、超臨界降着円盤では重力が遠心力よりも強いため、ガスは急激にブラックホールに落ち込む“移流”が起こる
放射冷却
ケプラー回転
粘性加熱
BH
放射冷却
非ケプラー回転
移動冷却
粘性加熱
BH
図5-11　標準降着円盤モデルと超臨界降着円盤モデル

乗に比例するので、円盤の幾何学的な厚みが急激に増加する。円盤内で発生した光子は何度も何度も散乱または吸収を繰り返すため、厚みが増すと円盤の外に出ていきづらくなる。その結果、超臨界降着流では、ガスが落ち込む時間が円盤から光子が逃げる時間よりも短くなるため、光子がガス流に捕獲され、ブラックホールに吸い込まれるてしまうのだ。

こういった現象が起こる臨界の降着率が、エディントン光度になる降着率程度になる。つまり、超臨界降着円盤とは、ガス降着率がエディントン光度に相当する降着率よりも大きく超過した状態の円盤のことなのだ。この超臨界降着状態では理論上エディントン光度の10倍程度まで明るくなることが可能だと考えられている。

この超臨界降着状態にある円盤モデルを最初に提唱したのは降着円盤理論の大御所、マレック・アブラモビッツらである。彼らは“スリム円盤”と名づけた論文を1988年に発表したが、対応する天体がなかったせいか、90年代終わりまでほとんど注目されなかった。しかし、2000年くらいから明るい天体の観測が盛んになり、最近になってようやくそのモデルの存在が認知されてきた。筆者らが2001年にこのモデルを超大光度X線源と照らし合わせてみたところ、モデルの予想と観測的な特徴が驚くほど一致したのを覚えている。10年前は観測家が見向きもしなかったモデルが、現在になって脚光を浴びていることは非常に興味深い。

余談だが、著者の一人（渡會）が、2006年8月にチェコのプラハで行われた国際会議でアブラモビッツ博士に出会った際、「スリム」という名前の由来を直接聞いてみた。それによると、彼らはそれ以前に幾何学的に厚い円盤「降着トーラス」を研究しており、その円盤が「スリム」になったところから、名前をつけたのだそうだ。このときの国際会議でやっと直接本人にその由来について話を聞くことができ、とても満足したのを覚えている（非常に緊張もしたが）。

7. 観測との比較と将来

超臨界降着円盤モデルの利点は、降着円盤理論の自然な拡張で大きな光度を生み出せることと、いくつかの超大光度X線源の観測的な特徴を説明できることだ。たとえば、不規則銀河IC342の中にある超大光度X線源は明るい状態のときに観測される温度が高く、X線を放射するサイズが小さくなり、逆に、暗くなると温度が下がり、X線の放射サイズが大きくなる。このような観測的特徴は、まさにスリム円盤の特徴と見事に一致している。

また、狭輝線セイファート1型銀河と呼ばれる活動的な銀河中心核を持つ天体のスペクトルも、超大光度X線源と似た傾向を示すことがわかっており、従来の標準円盤モデルでは説明することができなかったが、スリム円盤を使うと、軟X線（低エネルギーのX線）の観測スペクトルをうまく再現できることがわかっている。

そのほかにも、われわれの銀河系内に、マイクロクエーサーと呼ばれるブラックホールを含む連星天体がある（図5-12）。これは遠方のクエーサーと非常によく似た特徴をもっているが、質量（またはサイズ）がクエーサーの約百万分の一（マイクロは百万分の一の意）であることから、「マイクロクエーサー」とよばれている。特に有名なのはGRS1915+105と呼ばれる天体で、バーストと呼ばれる急な増光時にはエディントン光度程度になることや、大光度の状態で予言されている準周期的な振動現象が観測されているため、超臨界降着が起こっていると思われる。また、SS433というマイクロクエーサーは20年以上前から光速の26%程度のジェ

（出典：http://www.spacetelescope.org/goodies/posters/screen/microquasar.jpg）

図5-12 マイクロクウェーサーの想像図

ットが観測されており、そのジェットのエネルギーから超臨界降着が起こっていると推測されている（次章参照）。

しかし、この超臨界降着円盤モデルもまだまだよくわかっていない点が数多くある。その1つが、降着円盤の幾何学的厚みが観測的にどう見えるか？　という問題である（図5-13）。先に述べたように、質量供給量が多くなると光による圧力が高くなるので、その円盤は幾何学的に厚くなる。もし、幾何学的に厚い降着流を横から見たとすると、明るく、温度が高いブラックホールの近傍は円盤自身の幾何学的な厚みによって隠されて見えない可能性もある。この場合、本当は超臨界降着が起きているはずなのに、暗く見えてしまう。これを逆に考えてみると、このような隠れた天体はまだまだこの宇宙に存在するかもしれないのである。こういった効果は今後、明るい天体の研究において重要な役割を果たすだけでなく、ブラックホールの宇宙論的な進化に影響を与えるかもしれない。

また、超臨界降着円盤から吹く風や細く絞られたジェット流の

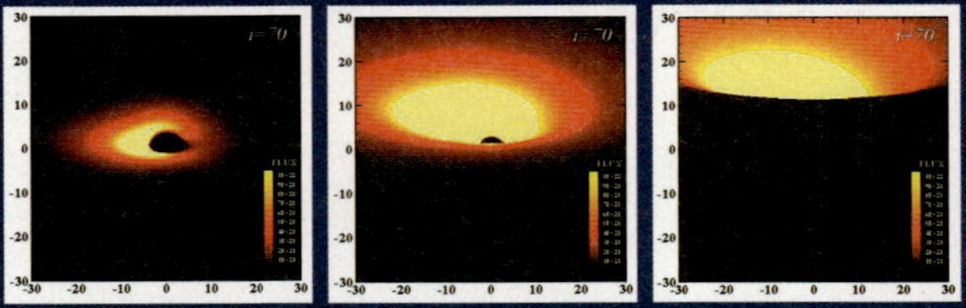

左から右へ質量降着率を10倍毎上げたときの図。質量降着率を上げると全体的に明るくなるが、降着円盤の厚みが増すので、中心からの光は円盤の縁で遮られて観測者には届かない

図5-13　観測者と降着円盤の角度を70度で固定したときのブラックホールの影

形成、さらにそんなにたくさんのガスをどこからどうやって供給するのか、なども謎である。宇宙物理学者・天文学者が解決すべき課題はまだまだ山積みなのだ。

今回取り上げた説のほかにも、ジェットの相対論的な効果によって明るく見えているというシナリオで説明できるものもあるし、また、理論モデルにまったく合わない観測結果もある。これらは今後の観測と照らし合わせることで、理論的に解釈していかなければならない。2004年の7月から日本のX線望遠鏡「すざく」が打ち上げられ、高精度の観測データが続々と送られてきている。理論家も、もはや観測を無視した研究はできなくなりつつある。近い将来、観測スペクトルと理論モデルの直接比較から、超大光度X線源やマイクロクエーサーの起源が明らかにされるであろう。

Part 6　光速ジェット最前線：高エネルギージェット

大須賀健（理化学研究所）、加藤成晃（筑波大学）、福江 純（大阪教育大学）

1. 宇宙ジェットの謎

宇宙では、広大な空間に星が静かに瞬いていると考えられがちだが、極めて激しく活動的な現象もある。特に激しい現象が「宇宙ジェット」だ。ジェットというと、日常生活ではジェット機が思い浮かぶが、ここでは消防車の放水のようなものを想像してほしい。細いホースの先端から勢いよく噴き出した水流は、地球の重力に逆らってちょっとした高さの建物なら最上階まで届いてしまう。宇宙にも、このように細い噴出口から重力に逆らって激しく物質（ガス）が噴出している現象があるのだ。銀河の中心部が

銀河（中央の丸い天体）の中心部で発生したジェット（左上方向と右下方向）は、その銀河さえも突き破り、はるか遠方まで伸びている

図6-1　宇宙ジェット現象（提供：NRAO/AUI）

その一例である（図6-1）。銀河の大きさのわずか1億分の1程度の領域から噴出したガス流は、銀河を突き抜け、銀河の大きさの1000倍もの距離まで到達する。これを先ほどの消防車の例に当てはめると、約5cmの放水口から出た水が、なんと月までの距離の10倍も飛ぶ計算になる。いかに激しい現象かが想像できるだろう。

生まれたての星、星が進化してできた中性子星やブラックホールの周囲、大質量ブラックホールのある銀河中心核などから、物質（プラズマガス）が細長く双方向に高速で噴出する現象、それが宇宙ジェットである。噴出速度が光速ぐらいにまで達する“光速ジェット”もあるし、銀河を貫く巨大ジェットもあるので、もっとも目立つ天体活動現象の1つだ。1918 年にカーティスが楕円銀河M87から延びる一筋の光線として見える宇宙ジェットを発見して以来、光速ジェットがどうして噴出できるのか、その発射台はどんな仕組みなのか、宇宙ジェットの謎はいまだに解明されていない。ここでは、光速ジェット研究の最先端の話を紹介しよう。前半では、光の力によって加速するジェットを、後半では磁場の力によって加速するジェットを紹介するが、まずは宇宙ジェットの観光名所案内をしておきたい。

2．宇宙ジェットの観光名所案内

もっともオススメなのが、おとめ座に位置する楕円銀河M87から延びる光速ジェットである（第二部 Part5の図5-2）。電子が磁場中を高速運動するときに発するシンクロトロン放射によって、ジェット流は電波、光、X線といろいろな波長の電磁波を放射している。

次にオススメなのが、はくちょう座に位置する電波銀河はくちょう座Aという光速ジェットである（図6-2）。双極ジェットの先端が、銀河間物質と衝突してモヤモヤとした2つの目玉雲のように見える。多くの光速ジェットはこのような双極流構造であると考えられている。これらの活動銀河からの光速ジェットは、銀河のサイズをはるかに超えて、100万光年にも渡って延びているのだ。

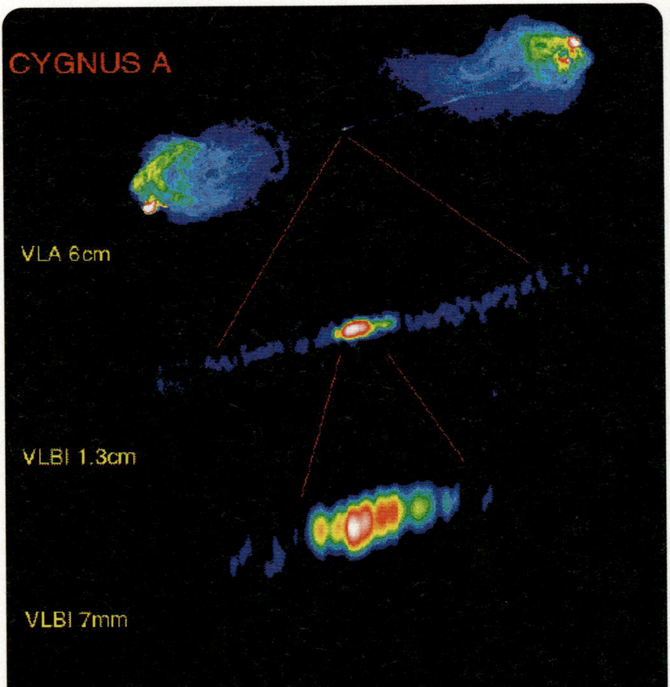

（出典：http://www.mpifr-bonn.mpg.de/public/science/cyga.html）。
中心部を拡大していったもので、いちばん上の画像の差し渡しは100万光年ほどだが、いちばん下は数光年のサイズ

図6-2 電波銀河はくちょう座Aの電波画像

規模ははるかに小さくなるが、銀河系の中にも多くの光速ジェットが発見されている。たとえば、ラセン状の構造が見えるめずらしいジェットとして有名なのが、特異星SS433のジェットだ（図6-3）。このラセン構造は光速ジェットの噴出する方向がグルグルと回っているためだと考えられている。またSS433ジェットの速度は光速の26%であることもわかっている。このSS433の中心には、おそらくブラックホールとふつうの恒星からなる連星があり、光速ジェットはブラックホール近傍から吹き出しているようだ。

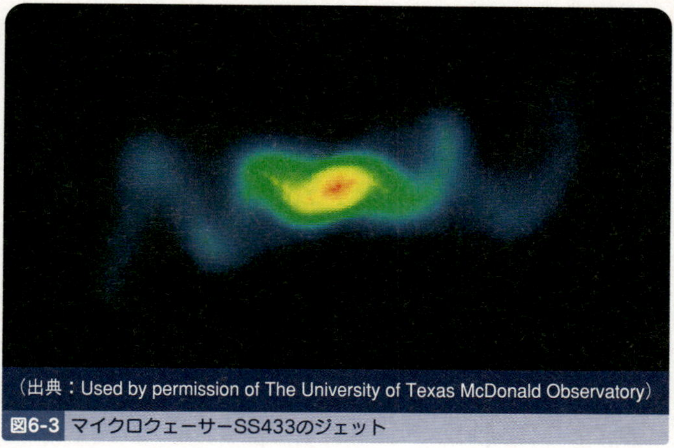
（出典：Used by permission of The University of Texas McDonald Observatory）
図6-3 マイクロクェーサーSS433のジェット

最近になって、このSS433ジェットと似た天体が続々と発見され始めた。GRS1915+105と呼ばれるX線星などもそうだ。このGRS1915+105ジェットでは、ジェットの速度は光速の92%にも達していることがわかっている。やはり中心にはブラックホール連星があるようだ。現在では、これらSS433やGRS1915+105など、おそらくブラックホールを含むX線連星でブラックホール近傍から光速ジェットを吹き出している天体を「マイクロクェーサー」と呼ぶようになってきている。

以上のようにジェットは、活動銀河の中心、X線星、生まれたての原始星などさまざまな場所に存在する見応えのある宇宙観光スポットである。そして、すべてのジェットが共通の物理メカニズムで噴出するとしたら、驚くべき発見ではなかろうか。

3. 宇宙ジェットの発射台

光速ジェットのエネルギーの源は、ブラックホールの重力に引かれて降り積もる物質の重力エネルギーである。研究者は物質が中心天体へ降り積もるときにできる円盤状の天体を降着円盤と呼び（第二部 Part5参照）、ジェットの発射台であると考えている。では降着円盤から、ジェットはどうやって噴出するのだろうか？落下していく物質が途中で向きを変え、銀河よりも長大なジェットになるなんて、とても不思議な気がする。たとえてみれば、高いところから落下しながら滑走して加速するジェットコースターが、滑走の途中ではるか上空まで飛び去ってしまうようなものだ。

そのトリックは実は“エネルギーの配分”という単純な仕掛けにある（図6-4）。ジェットコースター全体が上空まで飛び去るのは不可能かもしれないが、ジェットコースターのエネルギーをごく一部に集中して、一両だけを弾き飛ばすことならできるだろう。宇宙ジェットの場合も、中心のブラックホールに落下するガス物質の重力エネルギーを、ごく一部に集中的に分配するメカニズムがあれば、その一部分が光速ジェットとして噴出することが可能となるのだ。このような降着ガス物質の重力エネルギーを光速ジェットの運動エネルギーへ転換する仕組みが、発射台「降着円盤」

の果たす役割なのだ。光速ジェット研究とは、このメカニズムを解明することである。しかし、降着円盤やジェットの内部構造はまだまだ小さくて見ることが難しいため、ジェットの発射台の仕組みやジェットの流れ方は、まだよくわかっていないのが現状である。その1つでもつまびらかにしたいというのが、研究者の熱い思いなのだ。

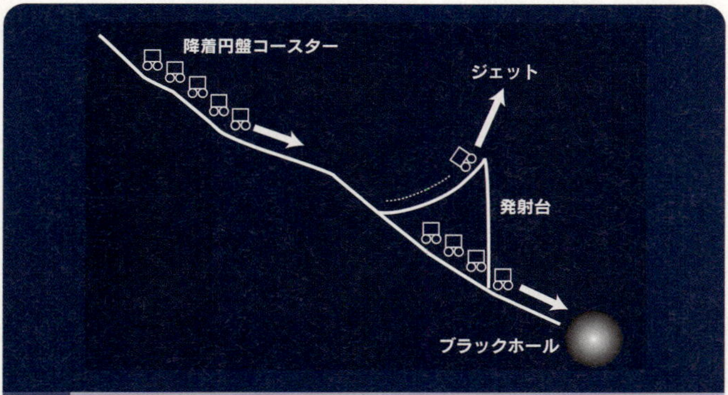

図6-4 ジェットの発射機構

4. 光の力は偉大です

さて、宇宙ジェットは、どのような力で引き起こされているのだろう？　消防車の放水の場合は水の力（水圧）である。それよりはるかに強力な宇宙ジェットを作り出す力としては、光の力（放射圧）と磁場の力が有力視されている。4節から6節では、まず光の力で作られる放射圧ジェットを説明しよう。

流れるプールや川の中では、水の流れによって力を受ける。同様に、空気が流れれば（風が吹けば）力が働く。風車が回るのはこのためである。しかし、光の力といわれてもピンとこないかもしれない。実際、太陽の光を受けて暖かいとは思っても、力を感じることはない。これは光の力が極めて弱いからである。しかし、もし太陽がいまと比べものにならないくらい明るくなれば、光の力が向かい風のように働き、太陽の方角に向かって歩くには大変な脚力が必要になるはずだ（図6-5）。そして、宇宙に超強力な光源があれば、光の力で宇宙ジェットを作り出せるのである。

光を受けると力（放射圧）が働く。太陽がもしいまよりはるかに明るければ、太陽の方角に向かって歩くのは大変。光の向かい風を受けるようなもの

図6-5 光の力

ジェットを作り出す光源はなんであろうか？　まっ先に思いつくのが星であるが、ちょっと計算すると星の光では、とうてい足りないことがわかった。もっともっと効率よく光る天体はないだろうか？　答えは、すでに解説した降着円盤である。降着円盤は宇宙最高の重力発電所であり、小さくても極めて明るく輝いているのだ。ブラックホール、中性子星、原始星など、降着円盤の存在するさまざまな天体で宇宙ジェットが発見されている。

5. エディントン光度と超臨界降着円盤

どんな力であっても、中心の天体の重力に勝たないかぎりは噴出現象にはならない。消防車の例では、最終的には重力に負けて水は落下するが、それでも噴出する瞬間は水の力が重力に勝っている。だから上空に向けて水が噴き出すのである。降着円盤がいかに強力な光源であっても、中心天体の重力に負けてしまっては、宇宙ジェットは発生しない。どれだけ明るければその天体の重力に勝てるのだろうか？　その限界を「エディントン光度」という。エディントン光度は中心天体の質量に比例していて、たとえば、太陽のエディントン光度は、現在の太陽光度の3万倍になる。

もし、天体の光度がその天体のエディントン光度より暗いと光の力より重力が勝り、反対にエディントン光度より明るいと光の力が重力を凌駕する。だから、降着円盤の光度が中心の天体の質量で決まるエディントン光度より明るければ、噴出現象を起こせるのだ。そして、降着するガスの量が多ければ多いほど降着円盤の光度は明るくなるので、大量のガスが降着する円盤で放射圧ジェットを作り出すことが可能になるはずだ。

これで一件落着かと思いきや、ものごとはそんなに単純ではない。というのも、本来が降着円盤とは、中心天体の重力に引きつけられたガスが円盤を形成しつつ、中心天体に落下していく現象である。だから光の力が重力に勝ってしまっては、そもそもガスが中心天体に引きつけられず、肝心の降着円盤が形成されないことになってしまうではないか。それでは困る。

中心天体の重力でガスを引きつけて降着円盤を形成しながら、エディントン光度以上で輝いて光の力でガスを吹き飛ばす。この、一見矛盾して聞こえる2つの事柄を同時に実現することができるか？　これが放射圧ジェットを作り出せるかどうかの鍵である。1つの可能性が「超臨界降着円盤」である（くわしくは第二部Part5参照）。降着円盤を通じて大量のガスが中心天体に落下する。このとき、円盤の光度はエディントン光度を超えるが、ほとんどの光が円盤の上方、または下方に向かうとしよう。すると、光の力は、主に円盤の上方及び下方に向かうガス噴出を引き起こすが、ガスが落下してくる円盤方向にはあまり働かない。つまり、円盤を通じてガスが落下するのを妨げることはないわけだ（図6-6）。また、このような円盤理論では、円盤の上下に2本の宇宙ジェットができることになり、この点でもジェットが降着円盤で作り出されているという理論には説得力がある。

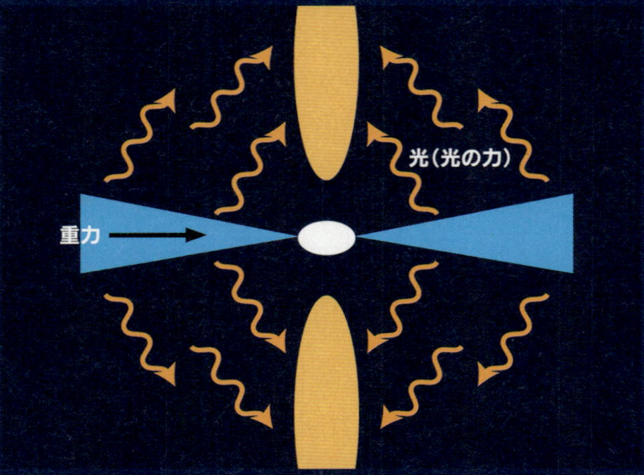

エディントン光度以上で光っても、光が円盤の上方または下方に向かえば、円盤を通じてガスが落下するのは妨げられない。放射圧ジェットは上下に2本発生する

図6-6 超臨界降着円盤（青）とジェット（黄）

6．放射圧加速ジェットの多次元放射流体シミュレーション

超臨界降着円盤とそこから発生する放射圧ジェットを調べるのは、実はそう簡単な問題ではない。円盤とジェットというまったく物理状態の異なる2つの系を同時に調べなければならないからだ。そのため、これまでは円盤とジェットを分離し、個別に扱う研究が主流となっていた。

円盤とジェットという複雑なシステムとなると、もはや紙と鉛筆だけで解ける代物ではない。複雑な方程式をコンピュータに解かせるのに有力な研究手法が、シミュレーションである。シミュレーションとは、言い換えると、コンピュータの中で宇宙を再現し、その謎を解き明かそうという試みである。ただし、放射圧ジェットの研究には、流体や重力の効果に放射輸送を取り込んだ「多次元放射流体シミュレーション」が必要となる。これはあまりにも複雑で必要とされる記憶容量や計算量が膨大になるため、コンピュータを使ってさえ従来は困難だった。しかし、近年のコンピュータの進歩により、ついに実現可能となってきたのだ。以下では、筆者（大須賀）らの研究について紹介してみたい。

大須賀らは、ブラックホールの周りに非常に薄いガスが広がっている状況を、数値計算に先立つ初期条件とした（図6-7）。初期条件というのは、コンピュータで計算を開始する際、人間が決める仮の状態のことである。円盤の光度がエディントン光度を超えると、ガスが光の力で吹き飛ばされてしまう可能性があり、そもそも円盤ができない可能性があることは先に述べた。また、仮に円盤ができたとしても、超臨界降着流ではなく、少しずつガスが落下するような円盤ができてしまう可能性もある。そうなってしまえば、当然、放射圧ジェットは形成されないであろう。大須賀

らが初期条件として超臨界降着円盤を設定しなかったのは、放射圧ジェットが発生するのに都合のいい初期条件を避けるためである。そこで、遠方から少しずつガスを流し込み、超臨界降着円盤が本当に形成されるか否か、放射圧ジェットが発生するか否かを調べた。

シミュレーションの最終状態が図6-8である。この図は、形成された超臨界降着流およびジェットを横から見た断面図で、図の中

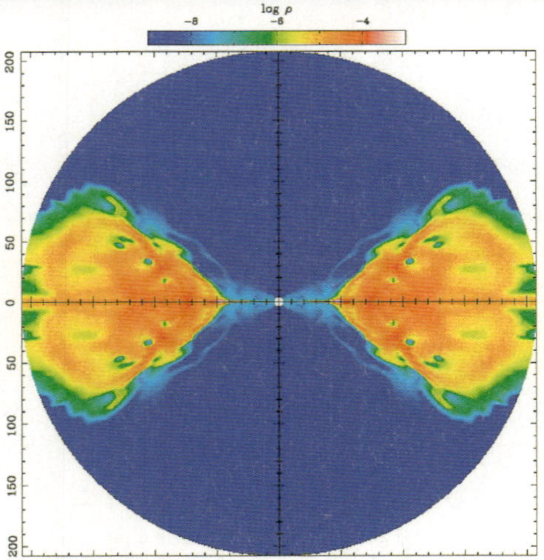

ブラックホール（図の中心の白丸）へ回転しながら流れ込むガス流を横から見た断面図。中心を通って水平方向に円盤の赤道面が広がり、垂直方向が円盤の回転軸になっている。カラーの色合いが密度の大小を表わしている

図6-7 シミュレーションの最初のころの状態

心にブラックホールがある。図からわかるように、中心を通って45度くらいの傾きのところを境に、全体が大きく2つの領域に分かれていることがわかる。すなわち、非常に密度が高い円盤部（赤道面領域）と放射圧ジェット部（回転軸方向）である。

　まず円盤部に注目すると、全体としては密度は赤道面が濃く、赤道面から離れるにしたがって薄くなっているが、かならずしも、密度が滑らかにはなっておらず、ところどころに穴の開いた構造

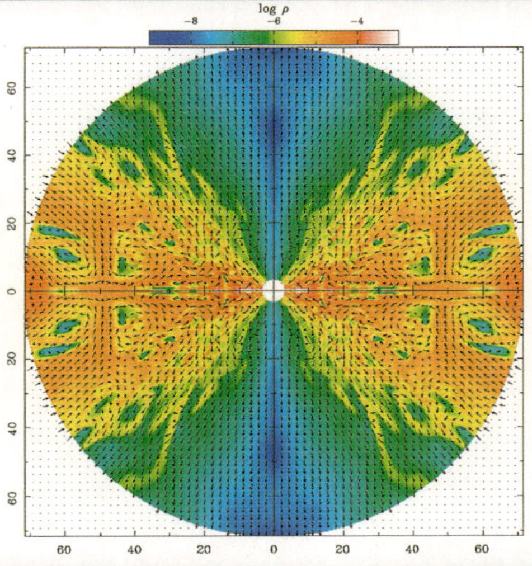

ブラックホール（図の中心の白丸）へ回転しながら流れ込むガス流を横から見た断面図。中心を通って水平方向に円盤の赤道面が広がり、垂直方向が円盤の回転軸になっている。カラーの色合いが密度の大小を表わし、矢印がガスの流れる方向と速度を示している。放射流体シミュレーションによって、超臨界降着流（赤道の上下に広がるオレンジ色の領域）と放射圧ジェット（軸方向に延びる青から薄緑の領域）が見事に再現されていることがわかる

図6-8 シミュレーションの最終状態

をしていることがわかる。また、ガスの流れる方向も複雑で、ブラックホールにまっすぐ落下するわけではなく、渦を巻いたり乱流運動をしていることがわかるだろう。

円盤部と異なり、回転軸付近の放射圧は重力に勝る。このため、放射圧ジェットが発生している。放射圧ジェットの密度は、円盤と比べてずっと低い。そして、流れる方向は垂直上向きというよりは、ブラックホールから放射状になっている。さらに、円盤とジェットの境界では、円盤表面が波打っている様子も見てとれる。このように、円盤の構造は複雑で、ジェットも完全に垂直には飛んでいない。これらの複雑な様相こそ、まさに多次元放射流体シミュレーションで初めて得られた成果なのである。

さて、円盤とジェットの構造を先に説明したが、そもそも、超臨界降着円盤が実現し、放射圧ジェットが発生すること自体、自明なことではなかった。大須賀らの計算結果は、円盤部を通じて大量のガスがブラックホールに吸い込まれていること、すなわち、超臨界降着円盤が実現可能であることを明らかにした。発生した光が円盤の赤道方向よりも円盤の上下方向に進むため、円盤全体の光度がエディントン光度を超えても、円盤領域の放射圧が重力を超えないからである。一方、円盤上空では、上下方向に向かう光により放射圧ジェットが形成された。降着するガスの重力エネルギーが、放射圧を通じて一部のガスの運動エネルギーに配分されてジェットが発生する、この放射圧ジェットの形成メカニズムが実現可能であることを、大須賀らの研究は実証したのである。

7. 磁場の力も偉大です

光速ジェットは、シンクロトロン放射で輝いている。シンクロトロン放射は、電子が磁場中を高速で運動する際に発するものであるから、これは磁場が宇宙ジェットの重要な構成要素であり、ジェットの加速に重要な役割を果たしていることを示唆している。しかも、以下に述べるように、磁場にはジェットを噴出し加速する力があるからだ。ここからは、磁場の力によってジェットを加速するメカニズムを紹介しよう。

まず、磁場の力について説明しよう。同じ極性の磁石を近づけると斥力が働くし、異なる極性の磁石を近づけると引力が働く。これは磁石の周りに広がる磁場が圧力や張力などの作用をおよぼすからである（図6-9）。圧力や張力をもった磁場の作用を身近な物でたとえると、ゴムひものような性質を持った針金のようなものを思い浮かべてもらえばいいだろうか。もし降着円盤に十分強い磁場があれば、磁気圧力や磁気張力が働いて降着する運動に影響し、光速ジェットを打ち上げることができると考えられるのだ。

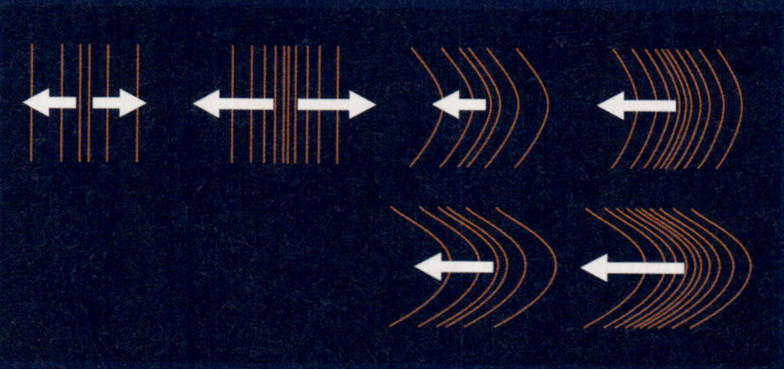

磁場の力（矢印）には磁気圧力と磁気張力の2種類がある。磁気圧力は磁力線（赤線）同士が離れようとする性質で、磁力線の本数が多いほど強い。磁気張力は磁力線が縮まろうとする性質で、やはり磁力線の本数が多いほど強いし、また磁力線が曲げられれば曲げられるほど強くなる

図6-9 磁場の力

8. 円盤磁場と磁気降着円盤

降着円盤は、重力エネルギーが熱エネルギーに転換されて高温になるため、ガスは電離して、電気を帯びた粒子（荷電粒子）の集団、いわゆるプラズマ状態の物質になっている。プラズマに含まれる荷電粒子が動けば（電流が流れれば）磁場が生じる。荷電粒子の流れが強ければ強いほど、その周りに強い磁場ができるのだ。降着円盤もプラズマでできている以上、磁場があっても不思議ではない。そして、ブラックホールの莫大な重力エネルギーを円盤磁場の磁気エネルギーに転換することができれば、磁気力によって光速ジェットを噴出させることができるだろう。

磁力線が降着円盤を貫いていると、磁場の働きによって角運動量が輸送され、物質がブラックホールの周りを回りながら落下する（図6-10）。それに引きずられて磁力線も、リールに巻き取られた釣り糸のようにグルグル巻きになる。その結果、円盤を貫く磁力線の本数が増えて磁場が強くなる。言い換えれば、重力エネルギーが円盤の回転運動エネルギーになり、グルグル巻きになって磁気エネルギーに変換されるのである。磁場が強くなると、磁力線はさらにグルグル巻きになり磁場は自己増幅する。しかし、自己増幅機能にも限界がある。磁場が強くなり過ぎると磁気粘性は効かなくなり、磁場もそれ以上強くならない。このように磁気粘性と磁場増幅の作用によって、円盤磁場はある強度に保たれていると考えられている。

そのような状況で、本当に円盤磁場によってジェットが噴出できるのだろうか？　それでは次に円盤で増幅された磁場がジェットを加速する方法について解説する。

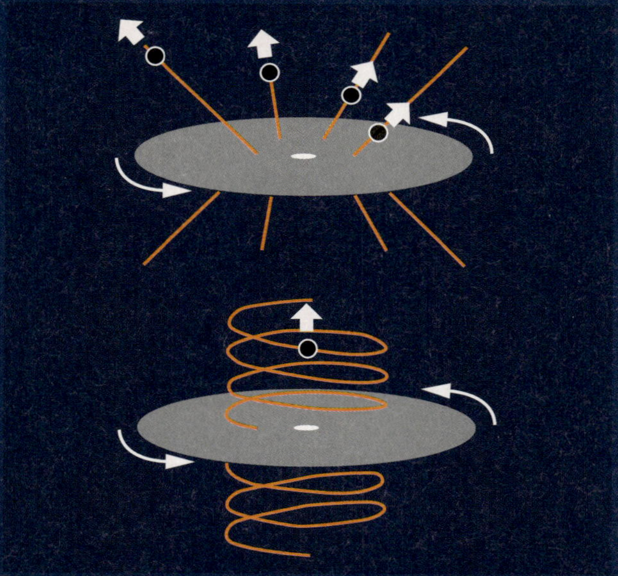

降着円盤に突き刺さっている磁力線（実線）の磁気力（白抜きの矢印）によって加速する2つのモデル。加速されるプラズマは黒点で表されている。上は磁場によってプラズマガスを振り飛ばす磁気遠心力加速、下は磁場の圧力でプラズマガスを押し出す磁気圧加速

図6-10 円盤磁場と磁気降着円盤

9. 磁気力加速ジェットの最新磁気流体シミュレーション

磁場の力によってジェットが加速されるメカニズムは、大きく2つに分けられる。1つは、降着円盤に突き刺さっている磁場が、円盤の回転によって振り回された結果、遠心力で加速されて磁力線に沿ってプラズマが飛び出すというメカニズムだ（図6-10上）。こ

れは強い磁場がもつ固い針金のような性質を応用したものであり、磁気遠心力加速モデルとして知られている。

一方、磁場が弱い場合には、円盤の回転によって磁力線はグルグル巻きになり、磁場が次第に強くなる。その場合、磁場の圧力(磁気圧)がどんどん大きくなって、押し上げられたプラズマが円盤から吹き出すというメカニズムが働く（図6-10下)。これは磁場がもつ弾力のあるバネのような性質を応用したものであり、磁気圧力加速モデルとして知られている。

プラズマの運動によって磁場が束ねられたり引き延ばされたり曲げられたりして磁場の強さが変化した結果、磁気圧や磁気張力によってプラズマの運動が変化するプラズマの流れを「磁気流体」とよんでいる。太陽や降着円盤は磁気流体の代表例である。コンピュータを使って磁気流体の運動を予測し、時々刻々と変化するプラズマと磁場の運動を解明するのが「磁気流体シミュレーション」である。ブラックホール周囲のプラズマの分布や磁場構造を研究目的に合わせて適切に設定し、磁気流体シミュレーションを実施することによって、磁気力によってジェットが噴出できるか検証できるのである。

従来の磁気流体研究では、ジェットの長さぐらいの短冊状にそろった磁場が降着円盤を貫いているという初期状況から、シミュレーションを始めていた。実際に計算してみると、磁気力加速ジェットは噴出するのではあるが、そもそも、最初に与える短冊状の単純な磁場がどうしてできるかが不明だった。そこで最近では、より複雑な磁場構造から計算を始める段階に移り変わりつつある。たとえば、星の場合は双極子磁場、ブラックホール周囲の降着円盤の場合は、円盤内部の磁場などが考案されている（図6-11)。

このような初期条件は、もともとジェットの研究というよりも、

中のようすがわかりやすいように円盤を半透明にしてある

図6-11 中性子星（左）とブラックホール（右）周囲の降着円盤と磁場のようす

星やブラックホールに流入する降着円盤の構造を調べるための初期条件として使われていたものであった。磁気力加速ジェット研究のトレンドは、降着円盤とジェットの両方のダイナミックスを扱う大規模数値シミュレーションの時代なのである。そのなかの1つとして、筆者の1人（加藤）が行っている最新研究成果を紹介する。

それでは「百聞は一見に如かず」、まずシミュレーション結果を表したコンピュータグラフィックスを見てほしい（図6-12)。ここでは降着円盤から噴出する光速ジェットをわかりやすく示すために、プラズマの密度（円盤状の青色領域)、磁力線（白い紐のような線)、電磁エネルギーの流れ（上下に延びる水色領域）の様子を視覚的に現している。密度の高い降着円盤は青色、電磁エネルギーを放出するジェットは水色である。ジェットの速度は大体光速の10%から50%である。まさに光速ジェットである。さらにシミュレーションで再現されたジェットの長さは、ブラックホール半径の数百倍ぐらいまで到達しており、次世代の電波望遠鏡で直接観測されることが期待される。このように複雑な磁場構造でも磁気力加速ジェットが噴出することが確かめられたのである。

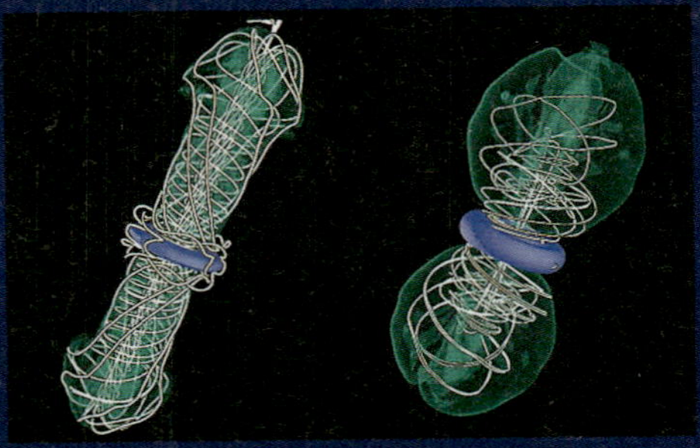

図6-12 中性子星（左）とブラックホール（右）周囲の降着円盤から噴出するジェットのようす

このジェットの特徴は、ジェット内部に見えているグルグル巻きの磁力線構造にある。この磁力線はジェットの根元の芯から伸びて、グルグル巻きになりながらジェットの根元の縁に戻っている。このようにジェットを加速する磁場がループ状の構造になっていて、「磁気タワー」とよばれている。磁気タワーは、中心天体や降着円盤の周囲にある弱い磁場から、円盤内部の磁気相互作用によって強い磁場が作られ、その強い磁場が降着円盤から浮き上がってできるのである。従来の短冊磁場によって噴出するジェットとは異なり、降着円盤上空に自然に作られた磁気タワーによってジェットが噴出することを加藤らの研究は実証したのである。

10. 光速ジェット研究超最前線

光速ジェット研究の最重要課題をあげるとすれば、それはジェットが噴出するための物理的な条件を解明することである。放射も磁場も宇宙のあらゆる場所に存在するが、光速ジェットを噴出させ加速するのはどちらなのか、最終的な答えを見つけなければならない。そのためには、シミュレーションで得られたジェット中のプラズマからの放射を精密に計算し、観測機器でどう見えるのかを予測することが急務である。すなわち放射力加速ジェットと磁気力加速ジェットがどんなふうに観測できるのかを調べ、両者を区別する方法を見つけ出すのである。しかし放射力加速ジェットと磁気力加速ジェットのどちらも一長一短がある。もしかしたら、どちらも必要不可欠なのかもしれない。

　また、ジェットの発射台である降着円盤は、降着する物質の量に応じてさまざまな形態をとっている。この降着円盤の形態変化を支配する重要な物理過程が放射輸送である。たとえば、マイクロクェーサーの降着円盤は放射が優勢な状態になったり、放射が優勢ではない状態になったりと状態遷移を繰り返すことが知られている。驚くべきことに降着円盤の状態遷移にともなって、マイクロクェーサーから噴出するジェットの速度が亜光速から光速へと変動するだけでなく、ジェットが噴出しなくなったりするのだ。このように光速ジェット研究には、放射過程を考慮した降着円盤の磁気流体モデルが必要不可欠となる。すなわち最優先課題は、降着円盤とジェットの「放射磁気流体研究」となるだろう。

　以上のように光速ジェットは、プラズマと磁場と放射場が主役の宇宙のビックショーである。複雑な物理過程が絡みあった天体現象を解明するには、これからますます、シミュレーション研究が重要になるだろう。これまで以上に、大規模なシミュレーション研究が求められてくるはずだ。現在よりも演算処理能力が高い、高速スーパーコンピュータが必要になるだろう。いうまでもないが、研究者が知恵を振り絞り大いなる勇気をもって大問題に取り組み、光速ジェットの謎を解き明かすよう、日夜、努力していかなければならない。

第二部 宇宙の最前線

Part 7 銀河学最前線：最果ての銀河への道

谷口義明（愛媛大学）

1. 最果ての銀河を目指すまで

①銀河天文学へ

私が銀河の研究を始めたのは、1980年代の前半である。岡山天体物理観測所の口径188cmの反射望遠鏡（図7-1）や野辺山宇宙電波観測所の口径45mの電波望遠鏡（図7-2）などを使って、それな

上の写真は岡山天体物理観測所の全景。左上に見えるのが口径188cmの反射望遠鏡が収められているドーム。下の写真は、口径188cmの反射望遠鏡
（提供：国立天文台　岡山天体物理観測所）

図7-1 国立天文台　岡山天体物理観測所

りに楽しく研究をしていた。憧れていた銀河の研究の道に歩み始めたころである。楽しくやっていたことは事実だが、時は移ろう。

銀河の研究をやるということは、やはり1つの究極の目標に立ち向かうことになる。それは「銀河の形成と進化」をきわめることにほかならない。こうなると、ただ楽しいだけではすまされない。銀河研究のフロンティアを目指したい。一種の、研究者症候群だ。そこからイバラの道が始まるのだが、それでもフロンティアを目指すしかない。それが研究者の生きる道にほかならないからだ。

②銀河の研究へ

80年代後半になると、諸外国の口径4mクラスの可視光望遠鏡にはCCDカメラが検出器として使われるようになった。このあた

口径45mの電波望遠鏡（右）のほかに、口径10mの電波望遠鏡が2台見えている
（提供：国立天文台　野辺山宇宙電波観測所）

図7-2 国立天文台　野辺山宇宙電波観測所

りになると、外国と日本の差は歴然としてくるようになり、鈍感な私でも「まずいなあ」と思うようになってきた。なにか、考え方を変える必要があるように思った。

ちょうどそんなころ、私を赤外線の観測に誘ってくださった方がいた。川良公明氏だ（現在、東京大学）。波長1 μ（ミクロン）から2 μ、近赤外線での銀河の観測である。いまでは可視光と近赤外線の観測は特に意識して区別はされないが、当時はけっこう大きな差があったように思う。少なくとも、私にはとても新鮮に感じられた。

そして、銀河の赤外線観測のために南米のチリまで出かけた。アメリカ国立光学天文台1つであるセロトロロ天文台を訪れたのである（図7-3）。銀河の近赤外線分光の観測だ。分光とはいえ、当時の最先端はわずか8チャンネルの分光器を使うものだった。しかし、その装置は抜群に性能がよかった。オランダ、イギリス、アメリカの打ち上げた全天サーベイ型の赤外線天文台IRAS

右にあるいちばん大きなドームには、口径4mの反射望遠鏡が収められている

（提供：NOAO）

図7-3 アメリカ合衆国国立光学天文台、セロトロロ天文台

(InfraRed Astronomical Satellite) が発見した赤外線銀河の観測データがおもしろいようにとれた (図7-4)。

「これはすごい！」

フロンティアに触れることの重要性がはっきりわかったような気がした。

　銀河の赤外線放射の大部分を担うものは、ダスト (塵粒子) である。星などに温められたダストが、吸収したエネルギーを赤外線として再放射しているのだ。ダストは、ガスと深い関係にある。それらは、星の誕生や進化と密接に関係している。つまりダストは、銀河における大規模な星の生成を理解するには、重要な鍵を握る成分だということになる。それまで可視光の分光観測に携わっていたので、あまりそのへんのことには留意していなかった。頭でわかっていても、身についていない、ということだろう。しかし、この出来事を契機に、私は宇宙の赤外線観測の重要性について深く考えるようになった。

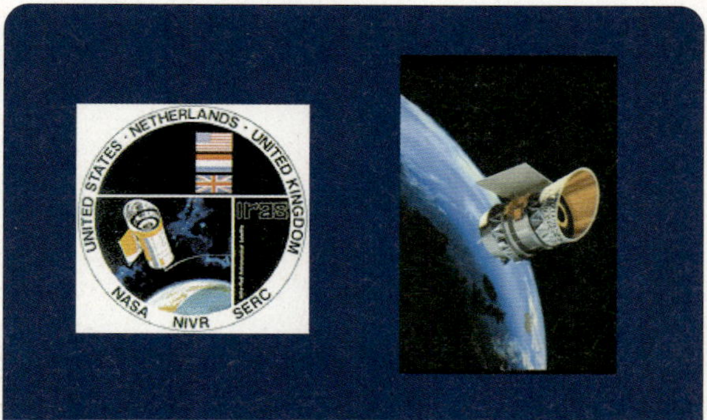

図7-4　IRASのロゴマークとIRAS

③赤外線天文学

ひとたび、赤外線の世界に触れると、病みつきになるものだ。今度はヨーロッパが打ち上げる赤外線宇宙天文台（ISO：Infrared Space Observatory）の仕事が舞い込んできた。もう90年代に突入していた。

赤外線の観測はおもしろいのだが、そのいっぽうで難しくもある。地球大気による吸収、望遠鏡や観測装置から発せられる熱雑音。これらとの闘いがある。地上の天文台でできるのは近赤外線の観測がいいところである。波長5μを超えると、地上では観測しないほうがよい。つまり、中間赤外線（波長5μから30μ）や遠赤外線（波長30μから300μ）の観測は地球大気の外に出て観測する必要がある。

ISOでは、日本チームが波長7ミクロン帯、そして90と170ミクロン帯のディープサーベイ（深宇宙探査）を行うことが決まった。ハワイ大学天文学研究所の方々との合同チーム。私は計らずも、そのチームの代表に選ばれてしまい、赤外線の世界にさらに深く、深く関係するようになってしまった（図7-5）。

これらの観測計画は多くの方々のご協力のおかげで順調に進み、ダストに隠された遠方の銀河がたくさん見つかった。赤方偏移 z でいうと $z=1\sim3$ の銀河が私たちの赤外線探査で見つかったのである（宇宙膨張によって、遠方の天体ほど私たちから遠ざかるように運動している現象が観測される。その目安を与える観測量が「赤方偏移」で、z で表される）。従来の可視光や近赤外線の観測ではまったく知られていなかった種類の銀河だった。可視光帯ではあまりに暗く、ケック望遠鏡でもスペクトル観測がやっとのことだった。

こうして、私は幸運にもISOのおかげで100億光年彼方のダストに隠された銀河に出合うことができた。宇宙の年齢を137億年とすれば、100億光年彼方の銀河は、宇宙が生まれてから、すでに37億年経過したころにある銀河だということになる。非常に年齢の若い銀河であることは事実だ。

しかし、銀河の誕生はもっと早い時期に行われているはずだ。赤方偏移でいうと $z>6$ になる。100億光年ではない。125億光年から130億光年彼方を見る必要がある。さらなる挑戦が続くことになる。

（提供：ESA）

図7-5　赤外線宇宙天文台（ISO）

2. 最果ての銀河を探す

①ふたたび、可視光へ

銀河は星とガスから成っている（ここでは、ダークマターには言及しない。いまだ正体不明だからである）。それぞれいろいろな進化段階にあり、またさまざまな物理状態にある。これはとりもなおさず、銀河はガンマ線、X線、紫外線、可視光、赤外線、電波と、ありとあらゆる波長帯で輝いていることを意味する。それらのすべての情報をかき集めないかぎり、銀河の本当の姿は見えてこない。考えてみれば至極当然のことである。しかし、百聞は一見にしかず。実際に自分で研究を積み重ねることで、やはり実感できることなのだ。

赤外線の観測で肉薄することができたとはいえ、最果ての銀河はまだ遠い。90年代も後半に入っていたころである。このころになるとケック望遠鏡の活躍で、可視光の望遠鏡も口径10m時代に

（提供：国立天文台）

図7-6 国立天文台 ハワイ観測所・すばる望遠鏡

入ったという感じがしてきた。国立天文台が建設を進めていた口径8.2mのすばる望遠鏡も20世紀最後の年、2000年には共同利用観測を開始する運びとなった。

私はハワイ大学天文学研究所の方々と共同研究していたことで、1997年にはケック望遠鏡の観測を体験していた。口径10mの世界。それは本当にすごいものであった。ISOも終わり、次世代の赤外線宇宙天文台までは時間が空く。私は可視光の世界に戻ってみようと思った。もちろんすばるがあるからだ（図7-6、7-7）。すばるで最果ての銀河を探してみよう。そう思ったのである。

ケック天文台では、口径10mの望遠鏡が2台ある（上）。右がケック1、左がケック2
（提供：ケック天文台）
下の写真で、ケックとすばるの位置関係がわかる
（提供：国立天文台）

図7-7　ケック天文台

②すばるへ

2000年の当時、すでにz = 5を超える銀河は見つかり始めていた。ケック望遠鏡のおかげである。ハッブル宇宙望遠鏡の「ディープサーベイ（深宇宙探査）」で見つかった遠方の銀河候補のスペクトル観測を行い、次々とz = 5を超える銀河を同定していくさまは、見事だった（図7-8）。そして、それはあこがれた世界でもあった。

では、すばるでどうするか？　銀河までの距離をきちんと決めるためには、最終的にはスペクトル観測を行い、赤方偏移を測定しなければならない。問題はどうやって最果てにある銀河の候補を見極めるかである。可視光の観測で候補を選ぶのであれば、基本的には2通りしかない。ブロードか、ナローかである。

（提供：NASA）

図7-8　ハッブル宇宙望遠鏡

③すばる戦略

ここでブロードとナローは、撮像観測のときにどのような帯域幅のフィルターを使うかを意味する。ブロードは広帯域フィルター（broad band filters）で、ナローは狭帯域フィルター（narrow band filters）である。通常の撮像観測ではブロードを使う。ジョンソンの測光システムは有名で、Bバンド（青）、Vバンド（可視光）、Rバンド（赤）などはなじみであろう。これらの広帯域フィルターは波長の透過幅はざっと100nm程度ある。

それに対して狭帯域フィルターは10nm程度しかない。ある波長帯だけの撮像データを取得したいときに使われる。たとえば、天の川銀河の中にある星形成領域（オリオン大星雲など）では、水素ガスが電離しており、再結合のときに放射されるHα線（バルマー系列のスペクトル線）は波長 656.3nmのスペクトル線が強く放射される。Rバンドはこの波長帯を含むが、ほかの連続光も透過してくるのでHα線が薄められてしまうのだ。そこで656.3nmに重心があり、前後10nm程度の波長帯の光しか透過しないフィルターを使えば、水素ガスの様子が手に取るようにわかる、というぐあいだ。

さて、では遠方の銀河を探す際に、ブロードとナローのフィルターはどのように使われるのだろうか？　まずブロードから話そう。一般には、可視光全域におよんで何枚かの広帯域フィルターを用いてディープサーベイを行う。青いほうはUバンド（360nm）から、赤いほうはzバンド（900nm）まである。つまり、U、B、V、R、I、& zのように6色のデータを撮る（かならずしも6色全部撮る必要はない）。各バンドでの等級を用いると、銀河のスペクトルエネルギー分布がわかるのだ。

これらのデータをもとに、遠方の銀河を探す方法はシンプルである。遠方の銀河からの放射は赤方偏移のために、私たちが観測する銀河からの電磁波は、波長の長いほう（赤いほう）にシフトしている。遠方の銀河からの放射の最大の特徴は、波長が91.2nm以下の光は私たちに届かないということである。これより波長の短い放射は、出ることは出ているのだが、すべて吸収されている。その銀河本体に含まれている水素ガスや、銀河と私たちの間にある銀河間水素ガスに吸収されるのだ。このため91.2nmは、ライマン端と呼ばれる特別な波長になっている（図7-9）。

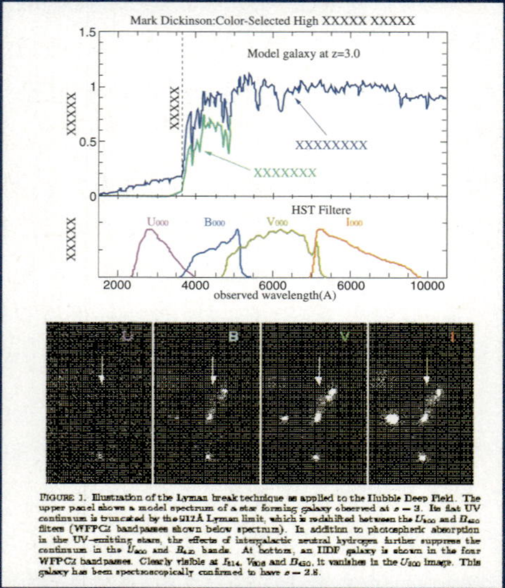

（出典：M.Dickinson）

図7-9 Uドロップアウトの概念図

たとえばz =3の銀河の場合、ライマン端は91.2×（1+3）=364.8 nmにシフトする。つまりこの銀河を観測すると、波長が364.8 nmより短波長側の波長帯で見ると、なにも見えないことになる。つまり、Uバンドでは写らない。しかし、Bバンドやそれ以上の長い波長帯では見ることができる。けっきょく、z = 3の銀河はUではなにも写らず、Bバンド以降の長波長データでは写る、という特徴を持っていることになる。これを「Uドロップアウト」とよぶ。z = 6だとライマン端は91.2×（1+6）=638.4nmにシフトし、今度はVバンドでも見えなくなる。「Vドロップアウト」である。このようにして、広帯域フィルターの撮像データを用いて、各バンドでの写りぐあい（写らなさぐあいというべきか）を調べると、遠方の銀河候補が見つかるのだ。このような方法で見つかる遠方の銀河は、"ライマン・ブレーク銀河"（Lyman break galaxies: LBGと略される）とよばれる。

今度は、狭帯域フィルターの場合を考えよう。こちらはもっとシンプルである。水素原子の再結合線でもっとも強い輝線はライマンα線で、波長121.6nmに放射される。赤方偏移したライマンα線を直接狙い打ちするのが、ナローの極意である。たとえばz = 5であれば729.6nmに、z = 6ならば851.2nmにライマンα線はシフトしている。これらの波長に合わせた狭帯域フィルターを作り、撮像する。ブロードも撮影しておく必要がある。ブロードと比較して、狭帯域フィルターのイメージで異常に明るい銀河を探してあげればよいのである。欠点はフィルターの帯域幅が狭いぶん、長時間の観測が必要になることだ。しかし、わかりやすい方法であることは事実だ。このような方法で見つかる遠方の銀河は"ライマンα輝線銀河"（LAE：

Lyman α emitters）とよばれる（図7-10）。

さて、いよいよ決断が迫られる。ブロードか、ナローか、である。ブロードはライマン端が見えなくなる特徴を生かすもので、電離ガスなどの情報とは無関係に遠方の銀河を探せるので、いわば王道の観測になる。しかし、私が探してみたい銀河は、最果てにある、生まれたての銀河である。それらの銀河では星が大量に作られているはずである。太陽などより、もっと質量の大きな星がたくさんできているだろう。そのような状況だと、周囲のガスは電離され、再結合線を強く放射する。オリオン大星雲を何億倍も明るくしたような状況である。当然、ライマンα線で光り輝いているだろう。しかし、生まれたての銀河だから、まだ銀河本体は暗い可能性もある。その場合、ライマン・ブレークに頼るのは

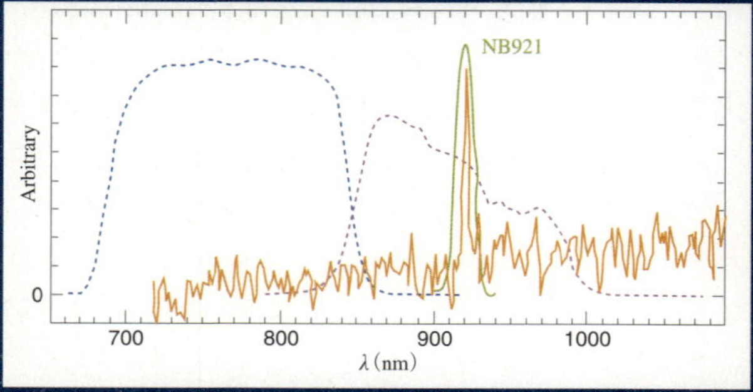

広帯域フィルターであるi'とz'バンドに加え、狭帯域フィルターであるNB921を用いる。NB921は約920nmの波長帯の光だけを通す。ここで赤方偏移してきたライマンα線を捉えるのである。赤い線で示したのが、赤方偏移6.6のライマンα輝線銀河の模式的なスペクトル
（資料提供：柏川伸成）

図7-10 ライマンα輝線銀河を捉える方法

不可能になる。こうして、答が出た。
「ナローで行こう」

④すばるディープフィールド

すばる望遠鏡には主焦点広視野カメラ、Suprime-Camがある。34分角×27分角の視野を一気に撮像できる。お月様がまるまる1個写ってしまう広さだ。口径8mクラスの望遠鏡にこんな広視野カメラがついているのは、すばるだけである。このSuprime-Camを使って最果ての銀河を探すことになる。

狭帯域フィルターはどうするか？　実は、あまり勝手な波長帯を選べない。CCDカメラの感度という意味では1000nm（1ミクロン）が限界である。そのほかにやっかいな問題がある。地球大気に含まれるOH分子（水酸基）の輝線が、700nmより長波長側に放射されているのである。これらは当然ノイズ（雑音）になる。したがって、OH分子の輝線放射が弱い波長帯を狙うしかなくなるのだ。1ミクロン以下であるという条件をつけると、920nm辺りが狙いやすい波長帯になる。ライマンα線が920nmまでシフトしているとすれば、赤方偏移はz =6.6になる。128億光年彼方、宇宙誕生後まだ9億年しか経っていないころに相当する。やるしかないだろう。

おりしも、すばる望遠鏡の製作に携わってきた方々が中心になって、すばるを生かすためのプロジェクトをやろうという時期に重なった。そのプロジェクトの1つとして、「すばるディープフィールド（SDF：Subaru Deep Field）」があった。可視光帯でBバンドからzバンドまでのディープサーベイを行う。これに920nmの狭帯域フィルターの観測を付け加えると、z = 6.6の銀河の探査が実現する。私はすばるの建設に携わってはいないので、SDFの正式メンバーではない。しかし、幸運にもすばるの共同利用観測のインテンシブ枠（集中強化枠）でSDFの狭帯域フィルターの撮像観測提案が採択されたのである。当時、共同利用観測は1課題当たり最大3晩までになっていたのだが、3晩を越える強化プログラムはインテンシブ枠として設けられたばかりだったことも幸いした。この観測に5晩いただくことができたのだ。

2002年の春。いよいよSDFプロジェクトが始まった。しかし、試練の連続だった。マウナケアの天気が荒れていた。全然晴れないのである。しかし、SDFはその年13晩の観測時間が与えられていたので、なんとかデータを撮ることができた。4月と5月の5晩で取得したデータは、ただちに解析された。$z = 6.6$にある銀河の候補が数10個見つかった。すぐさま、6月にスペクトル観測が行われた。紛れもない$z = 6.6$の銀河が2個。赤方偏移をくわしく調べてみると、$z = 6.58$と$z = 6.54$であった。その当時、もっとも遠い銀河の赤方偏移はハワイ大学天文学研究所のチームが見つけたもので、その赤方偏移は$z = 6.56$だった。ほんのわずかだが、$z = 6.58$の銀河は、人類が見つけたもっとも遠い銀河になったのだ。すばるが世界記録を樹立したのである（図7-11）。2006年12月現在では、すばるディープフィールドで発見された$z=6.96$、すなわち128.8億光年の銀河が世界記録。国立天文台の家正則教授のグループの発見であり、いまだに日本人が世界記録を保持している。

こうして私たちは、最果ての銀河に出合うことができ、その研究論文は2003年の春に出版された。さすがに国際的にも大きな反響があった。国内でもおおいに宣伝しようということになり、記者会見の手はずを整えた。場所は文部科学省。しかし、選んだ日がまずかった。3月19日。アメリカがイラク攻撃を始めた日だったのである。次の日。ほとんどのメディアは暗いニュース一色にそまった。残念ながら、私たちの世界記録は紙面の片隅に載っただけに終わった。閑話休題というところか。

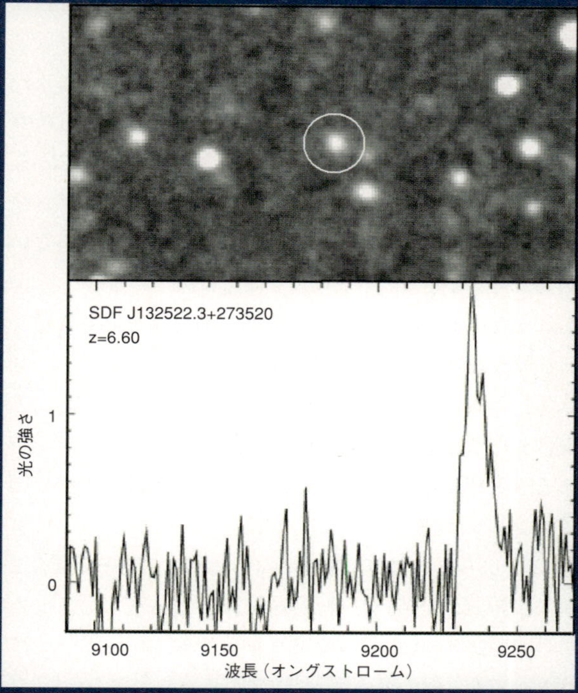

（提供：谷口義明）

図7-11　すばるディープフィールドで見つかった128.3億光年彼方の銀河

3. エピローグ

①世界へ

天文学をやっていて、ときどき思うことがある。それは日本人の研究は、いま1つ評価されにくいということだ。もちろん、日本の天文学のレベルはまだまだ高いとはいえない。明治維新が近代科学の夜明けなのである。歴史の差はまさに歴然としてある。

私たちが宇宙を見るとき、場所はあまり関係ない。アメリカでも、ヨーロッパでも、日本でも、見える北斗七星は変らない。天文学は紛れもなくワールドワイドな研究分野であることがわかる。南半球には南半球の世界があるにしろ、人類は皆同じ目標に向かって天文学をやっていることに変りはない。

ただ、どうも日本人はダサいのである。かくいう、私もである。まず英語が下手である。英語が下手だと、外国では引きこもりがちになる。そうすると相手にされない。主張しない人間は相手にされない。これは当然である。

さらにダサいのは論文を書くのも下手なことである。またまた英語である。冠詞、前置詞が怒涛のごとくせめてくる。困ったことだ。この問題はけっして軽視できるものではない。日本人がすぐれた仕事をしても、闇の中へ消えてしまうことさえありえるのだ。

私たちがすばる望遠鏡を使って見つけた最果ての銀河。この運命はどうなるのか。やはり気になるところであった。この分野はまさにアメリカ帝国主義の独壇場で（あまりよい表現ではないが、アメリカがダントツの成果を上げ続けているという意味である)、新参者がつけ入る隙はない。SDFは、そんな中での挑戦だった。

しかし、すばるは偉大である。ハワイ大学天文学研究所の研究者の方々はすばるのすごさを間近に感じていた。すばるの主焦点カメラ、Suprime-Cam。そのすごさは「噂」になって、世界を駆け抜けていた。
「Suprime-Camで見つけたのか？　すごいじゃないか！」
そういう雰囲気が少しずつだが芽生えてきていたのである。

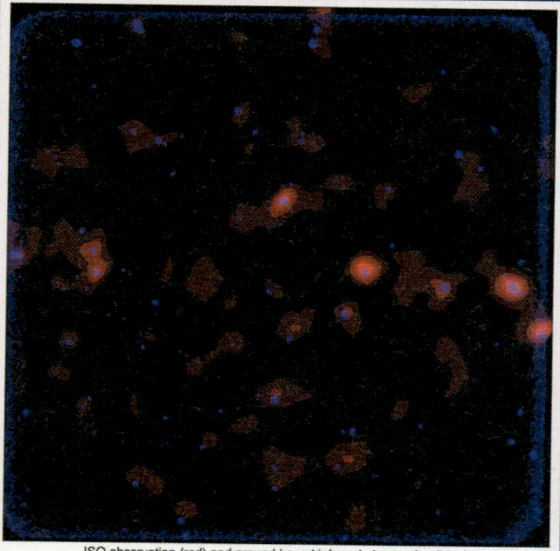
ISO observation (red) and ground-based infrared observation (blue)
Credit: ESA/ISO and ISOCAM (7 microns), University of Hawaii 2.2-metre telescope (2 microns) and Y. Taniguchi et al.
ESA/ISO 97:8/1

世界初の7ミクロンサーベイで見つかった、ダストに包まれた若い銀河(赤い色で示されている)。青で見えているのは、波長2ミクロンで検出された銀河

（提供：ESA、谷口義明）

図7-12　最果ての銀河

研究論文を出し終えて、ぼうっとしているころ、1通のメールが届いた。
「すばるサーベイ、というタイトルで、遠方の銀河のお話をしていただけませんか？」
イタリアのベニスで開催される研究会の世話人からだった。
「ありがたい」
つくづくそう思った。私たちの仕事に世界が興味を持ってくれたのである。最善を尽くす。それで乗り切ろうと思った。

2003年10月。ミラノ経由でベニスに着いた。長旅ではある。時差のこともあるので2日前にベニスに行き、一日のゆとりを手にした。その日、散歩していると、たくさんの知り合いと出会った。彼らも散歩していたのである。これはとてもラッキーなことだった。研究会を前にして、いろいろな仲間と会い、研究会でなにを話すか意見交換ができた。だいいわかった。
「いける。私たちの研究がトップだ」
その実感を持って、研究会に臨むことができた。

その予感は当った。私たちの見つけた銀河が、もっとも最果てにある銀河だったのである。私の講演のあと、ものすごい拍手だったそうである。演壇にいる私にはよくわからなかったが、みな、私たちの成果をたいへん喜んでくれたのである。世界が一歩近づいたことだけは確かだった。

②遠い世界へ

なんだか長い道のりであった。しかし、あっという間でもあった。銀河に憧れ、最果ての銀河を目指した少年。彼は確かに最果ての銀河を見た。夢物語のようであるが、その彼は私自身である。幸運だったとしかいいようがない。いろいろな人と出会うたびに多くを学び、適切な指導を受けた。私は、操られるままに仕事をしてきたに過ぎないように思う。支えてくださったみなさんに感謝するしかない。

「遠い世界に、旅に出ようか。

それとも赤い風船に乗って…」

私がまだ学生のころ、とてもよい歌があった。『遠い世界に』という歌である。なんだか口ずさみたくなる歌。そんな歌だった。多分、いまの時代なら、はやらないかもしれない。それほどいい歌だった。のどかなる時代の、せつない歌だからである。

いまでもときどき口ずさむことがある。天文学の研究。それはいつも遠い世界への旅立ちなのである。いつになったら休むことができるのだろう。しかし、その答えはわかっている。研究を続けているかぎり、安息の日々はこない。

第二部 宇宙の最前線

Part 8 宇宙最前線：宇宙マイクロ波背景放射と宇宙の進化

杉山 直（名古屋大学）

1. 宇宙全体のものがたり

本章では、最新の宇宙論の成果を、特に宇宙マイクロ波背景放射の研究を中心に紹介する。宇宙論とは、個別の天体現象ではなく、宇宙全体の進化と発展を研究対象としている。なにか雲をつかむような研究を行っているようにも思われるかもしれない。しかし実際のところは、老若男女、誰しもが一度は疑問に思うことを、大の大人が一所懸命考えているのだ。いわく、宇宙には始まりがあるのだろうか、また、あるとすればその始まりはどのようになっていたのだろうか、宇宙には果てがあるのだろうか、宇宙は将来どのようになってしまうのだろうか、などの疑問である。

これらの疑問のすべてには、まだ完全な解答が得られているわけではない。現在の宇宙が膨張していることは、1930年代には明確な事実となった。また宇宙には始まりがあり、その始まりの状態は非常に熱いビッグバンと呼ばれる状態であったことは、1960年代に明らかになっている。ビッグバンを引き起こしたのが、インフレーションと呼ばれる宇宙初期の莫大な膨張であったことも、どうやら間違いがなさそうだ。しかし、インフレーションがどのように引き起こされたのか、またインフレーション以前の宇宙がどのような状態であったかについては、いまだわかっていない。さらに、現在の宇宙が正体不明の暗黒のエネルギー（ダークエネルギー）と暗黒の物質（ダークマター）によって支配されているらしいことも、近年明らかになってきた。

ビッグバンの存在を明らかにし、ビッグバンに先立つインフレーションの存在を確信させ、そして暗黒が支配する膨張宇宙の姿を解き明かすものこそ、宇宙最古の化石である宇宙マイクロ波背景放射なのである。

2. 膨張宇宙の仕組み

現代宇宙論は、1915年のアルバート・アインシュタインによる一般相対性理論の発表を契機としてその産声をあげた（図8-1）。時間と空間（時空）自身がその内部の物質の作り出す重力によって変えられる、というこれまでにないまったく新しい理論が、宇宙の進化と発展を解き明かすには必要不可欠だったのである。ニュートンによって完成をみた古典力学は、あらかじめ定まった時間と空間の中での物体の運動を記述するものであった。宇宙という“入れ物自体”の進化を記述するには、古典力学では不十分だった

アルバート・アインシュタイン　アレキサンドル・フリードマン

図8-1 アインシュタインとフリードマン

のだ。

一般相対性理論にもとづいて、宇宙をモデル化することに成功したのは、アレキサンドル・フリードマンであった（図8-1）。1922年のことである。彼は、一様《いちよう》（特別な場所がない）、および等方《とうかた》（特別な方向がない）という仮定を導入することで、アインシュタインの方程式を単純化し、解くことに成功したのだ。一様・等方という仮定は実際の宇宙を平均的に見たときには、実にまとをえたものであるといえよう。宇宙には、特別な“ヘソ”とでもいった場所はないのである。

フリードマンの宇宙モデルは、空間が膨張または収縮するというものであった。宇宙に存在する物質の作り出す重力の働きが、

エドウィン・ハッブル

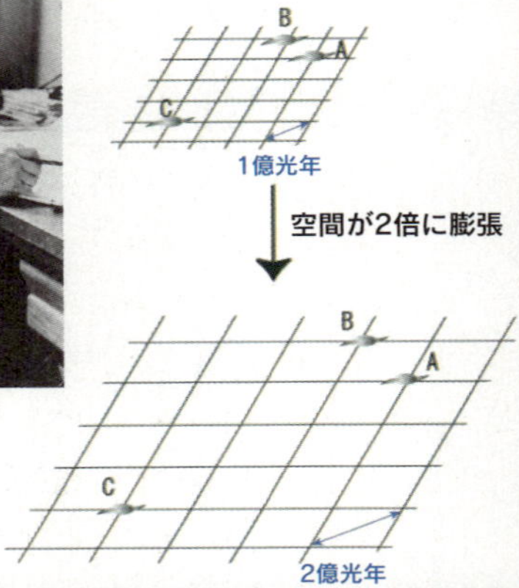

図8-2 ハッブルと宇宙膨張

空間を不変なものとして留めておくことを許さないのだ。アインシュタイン自身もフリードマンに先立って宇宙論を考えていた。しかし、宇宙は不変なものという当時の天文学の常識にとらわれていたアインシュタインは、重力の働きを打ち消す「反重力項」を自身の方程式に導入し、空間が不変である静的な宇宙のモデルを作りあげたのである。この反重力項は「宇宙項」とよばれる。

宇宙が果たして不変で静的な存在なのか、それとも時々刻々変化する動的な存在であるのかは、観測的に決着がつけられた。1929年にエドウィン・ハッブルによって、宇宙が膨張していることが実証されたのだ。ハッブルは遠方の天体までの距離と、その天体が遠ざかる速度が比例することに気づいた。空間全体が拡がっていれば、どの点に観測者がいたとしても、すべての点が遠ざかって見える。さらに、そこでは速度と距離の間に比例関係が成立する。図8-2を見てみよう。宇宙の空間が2倍に拡がれば、A点にある銀河から1億光年離れた距離の銀河Bは2億光年に、3億光年の距離の銀河Cは6億光年へと遠ざかる。つまり同じ時間にAに対してBは１億光年遠ざかるが、Cは3億光年遠ざかることとなる。Aに対して、Cの遠ざかる速度はBの3倍、つまり確かに速度は距離に比例するのである。ハッブルが観測的に見つけた距離と速度の比例関係こそ、宇宙の膨張を証明するものであり、その比例定数はハッブル定数とよばれるようになった。

宇宙は膨張するダイナミックな存在であった。フリードマンが正しかったのである。これまでの人類の宇宙観を根底からくつがえしたこの発見は、天動説から地動説への転換と並ぶ天文学の一大パラダイムシフトといえる。自身の方程式の導く結果を信じずに、宇宙項を方程式に導入してしまったアインシュタインは、そのことを「生涯最大の失敗」と嘆いたと伝えられる。

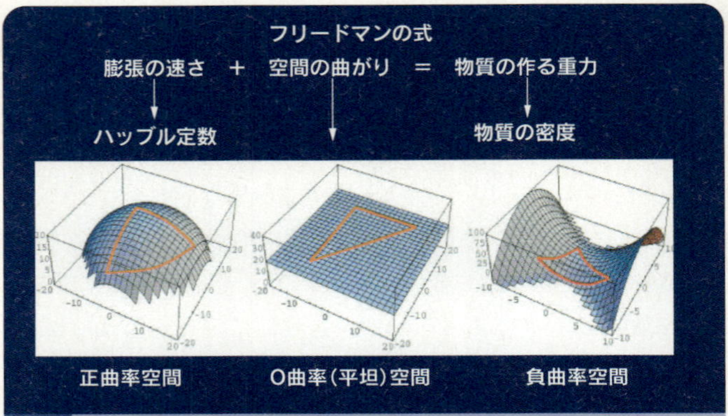

図8-3 フリードマンの式と空間の曲がり

フリードマンの宇宙モデルについて、もう少しくわしくみていくことにしよう。それは宇宙の空間の構造と進化が、そこに存在する物質の重力によって決定されるというものである（図8-3）。

空間の構造とは、空間の曲がりぐあいのことだ。物質の作り出す重力が十分に強ければ、空間は曲げられ丸まった構造となる。このような空間を「正曲率」の空間とよぶ。一方、物質が少なくその作り出す重力が弱ければ、空間は反った構造となる。「負曲率」の空間である。その境い目が「曲率0」の平坦な空間となる。3次元の空間を図示することはできないので、2次元の空間を考えてみよう。平らな机の表面は平坦で曲がっていない2次元空間を表す。球の表面のような丸まった構造は正の曲率を持った空間である。馬の鞍やポテトチップのような反った構造が負の曲率空間になる。

一様等方というフリードマンの仮定だけからは、実際の宇宙の空間がどのような構造をしているのかはわからない。光の伝播《でんぱ》を調べることなどによって、観測的に調べてみるしかないのだ。

物質の生み出す重力が、空間を曲げ、膨張の速度を時々刻々遅くしていく、というのがフリードマンの得た基礎方程式である。フリードマンの宇宙モデルは、ハッブル定数で表される宇宙の膨張の速度、空間の曲率、そして物質の密度が観測的に得られれば、完全に解くことができる。それは、空間の大きさが0、すなわち宇宙のすべての点が1か所に集まっていた始まりの時刻から膨張を開始し、その速度を徐々に遅くしながら現在に至るというものである。宇宙には始まりがあったのだ！

また、その始まりから現在に至るまでだけではなく、将来の宇宙の発展も解くことができる。宇宙の運命もわかるのである。たとえば、物質の密度が高く曲率が正であれば、重力が強いために宇宙はいつの日か膨張から収縮に転じる。そしてやがてすべての点が1か所にふたたび集まり、宇宙は終わるのだ。このような宇宙の終末を「ビッグクランチ」とよぶ。一方、物質の密度が低く曲率が負であれば、膨張を遅くしながらも永遠に膨張を続ける（図8-4）。

実はアインシュタインの考えた宇宙項も、宇宙の発展に強い影響を及ぼす。膨張している宇宙に宇宙項が存在していれば、宇宙を止めるかわりに、膨張を加速させる役割を担う。反重力項だからである。曲率0の宇宙でも、宇宙項があれば、膨張速度を速めながら、永遠に膨張を続けることとなる。短い時間で空間の大きさが倍々ゲームで増加していく指数関数的な大膨張に至るのである。物価が倍々ゲームで増加していく状況を経済学でインフレーション（インフレ）と呼ぶことに習い、この宇宙での大膨張も「インフレーション」とよぶ。宇宙初期に起こったインフレーションとは、まさに宇宙項によって引き起こされた指数関数膨張であった。いまの宇宙も、もし宇宙項が存在していればやがてインフレーションへと発展していくことになるのである。

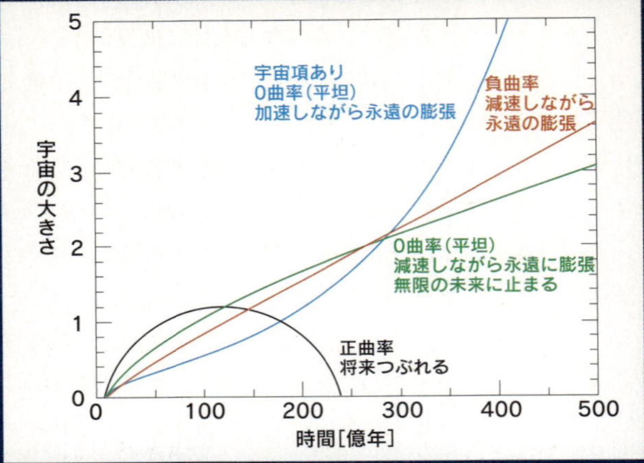

図8-4 宇宙膨張のいろいろなタイプ

最終的に、ハッブル定数、空間の曲率、物質の密度、そして宇宙項を与えることで、宇宙の発展を調べることができる。現代宇宙論の1つの大きな目的は、これらの量を精密に測定し、宇宙の発展を解明することにあるのだ。

3. 宇宙マイクロ波背景放射とビッグバン

宇宙の始まりでは、宇宙中の物質が1か所に集まるのであるから、極端に物質密度が高いことは容易に想像できよう。そこで、宇宙は、全体が1個の原子とでもいえるようなたいへんな高密度状態から始まったのではないかと1930年ごろに考えついたのは、ジョルジュ・ルメートルである。この考えを発展させ、宇宙が高温高密度の状態から始まった、というアイデアを1940年代に提案したのが、ジョージ・ガモフだ。「ビッグバン」と、のちによばれるようになる高温の宇宙の始まりの名残として、電波が宇宙に充ち満ちているはずであること、またそれは黒体放射であることをガモフは予想した。

黒体放射とは、熱的によく混じり合った熱平衡状態にあるときに実現する放射のことである。この黒体放射を巡り、マックス・プランクによって量子力学が生み出されたことは歴史上有名である。黒体放射では、温度が高ければ高いほど、波長の短い、つまり青い光が多く放射され、温度が低くなると波長の長い赤い光が放射される（図8-5）。

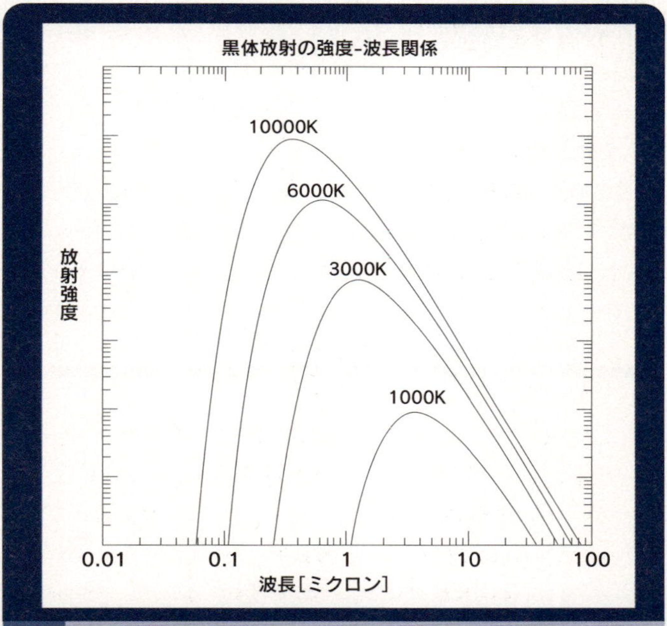

図8-5　黒体放射のスペクトル

恒星は、黒体放射に近い光を放射している。青い星は高温、赤い星は低温であることはよく知られている。太陽の表面温度は絶対温度で5800度ほどであり、可視光で輝いている。もちろん、太陽の光の下で地球上の生命は進化してきたのであるから、「可視」光が太陽の放射する光であることはなんの偶然でもない。

宇宙が高温の状態から始まったとすれば、そこに存在していた黒体放射を現在も見ることができるはずである。ただし、宇宙は膨張している。膨張によって光の波長は伸ばされる。光が伝播する間に空間ごと波長が伸びるのである。波長が伸びるのであるから、色が青から赤い方に変化する。そのため、「赤方偏移」とよばれる（図8-6）。また温度も下がっていくことになる。膨張にともなう温度の低下は、熱の収支を考えても理解できる。宇宙には外部から熱が加わらない。一方で膨張すれば仕事をしたことになる。そこで膨張のした仕事の分だけ、宇宙内部の温度が下がり、熱エネルギーが減少し、温度が低下するのである。

ビッグバン初期は非常に高温で、そこに存在していた黒体放射はガンマ線とよばれるきわめて波長の短い光（電磁波）であった。しかし、膨張とともに温度が低下し、その波長も伸び、やがてX線、紫外線、そして可視光となっていった。さらに膨張は続き、

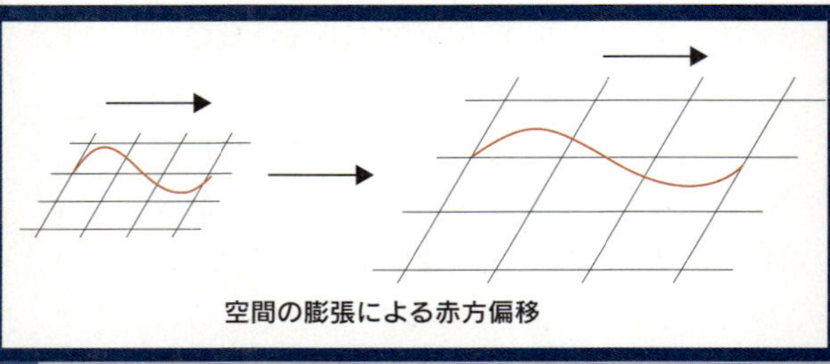

図8-6　空間の膨張による赤方偏移

赤外線、ついには電波へと波長を伸ばして現在に至ったと考えられる。ガモフは、現在の宇宙の温度が絶対温度で数度程度で、黒体放射は電波として見つかるはずだと予想した。現在はとてつもなく冷えているのである。

高温の宇宙初期、ビッグバンを証明する契機となったのは、ほかならぬ黒体放射の発見であった。1964年のことである。ベル研究所の2人の電波天文学者、アーノ・ペンジャスとロバート・ウイルソンが、銀河面に存在する中性水素からの放射を測定しようとしたときに偶然発見したのだ。彼らは、中性水素の放射する21cmという波長の電波を測定する前に、7cmの波長で測定を行い、機器の出す雑音を調べようとした。その波長では宇宙からはなんの信号もきていないはずなので、受信されるのはすべて観測装置が出したりする雑音ということになる。2人は雑音が十分に弱いことを確認してから21cmの観測を開始しようと考えたのだ。しかし、そのとき思いがけない発見をした。いくらがんばっても、決して落とすことのできない正体不明の雑音が残ってしまったのである。宇宙のありとあらゆる方向から地球に降り注いでいるこの電波こそ、高温だった宇宙を証明する「宇宙マイクロ波背景放射」であった。電波の強度から、その温度は絶対温度3Kと見積もられた。こうしてビッグバンは証明され、ペンジャスとウイルソンは1978年にノーベル物理学賞を受賞することになる。残念ながら、ガモフはこのときにはすでに世を去っていた。

この7cmの波長で見つかった電波が、疑う余地なく宇宙の原初の光であることを示すためには、多くの波長で測定し、それが黒体放射であることを確認する必要がある。しかし1mm以下の短い波長の電波は大気にじゃまされ地上まで届かない。黒体放射を証明するための測定は困難を極めた。けっきょく、発見から四半世紀を経て、1989年に打ち上げられたCOBE衛星によって、ついに宇宙マイクロ波背景放射はほぼ完璧な黒体放射であることが実証されたのである。その温度は、絶対温度2.725Kであった（図8-7）。この功績により、COBE衛星の計画責任者、ジョン・マザーは、2006年のノーベル物理学賞を受賞した。

さて、われわれは宇宙マイクロ波背景放射によって、いったいいつの時代の宇宙を見ているのであろうか。まず、遠方の天体を見れば見るほど、過去を見ることに注意されたい。たとえば、現在見ている太陽は8分19秒前の姿だし、大マゼラン銀河は16万年前、アンドロメダ銀河はおよそ230万年前の姿を見ている。

また、見えている場所は光が最初に放たれた場所ではなく、最後に散乱された場所である。たとえば太陽の場合であれば、われわれに見えているのは中心ではなく、光球と呼ばれる表面近くである。それより内側では、光は何度も太陽内部の電子と衝突を繰

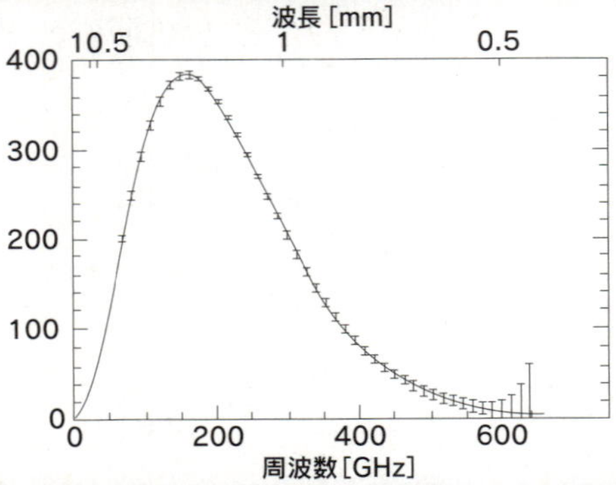

データはCOBEの測定値、ただし誤差は400倍に拡大してある。実線は絶対温度2.725Kの黒体放射

図8-7 COBE衛星で得られた宇宙背景放射のスペクトル

り返し、最後にもう衝突しなくなって始めて外へ出て行く。そこが光球表面である。もし、太陽を曇った日に見ると、今度は、雲の中で散乱するために、その姿を直接見ることはできなくなる。われわれの受ける光は、この場合は（もともとは太陽から放たれているのだが）雲の表面からきているといえよう。このように、最後に散乱する場所が見えていると考えられる。宇宙マイクロ波背景放射の場合も、状況はまったく同じである。宇宙で最後に散乱した、その時代が見えていることになるのだ。

さて、ビッグバン宇宙では、誕生後40万年経ったときに、非常に劇的なことが起きた。このとき以前は、高温高密度であったために、物質の根元的な要素である陽子と電子が結びつくことができず、バラバラに存在していた。光は電子とよく衝突を起こすという性質がある。光が宇宙空間に大量に存在していた電子と絶えず衝突を繰り返していたために、当時は非常に不透明な、いわば深い霧が立ちこめていた状態であった（図8-8）。ところが、膨張

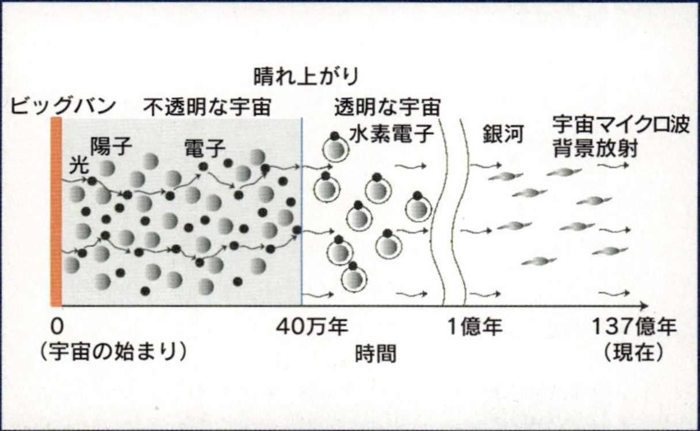

図8-8　宇宙の晴れ上がり、そして現在へ

とともに温度を低下させていった宇宙では、40万年が経過すると陽子と電子が結びつくことが可能になる。そこで水素原子が急激に形成されるのだ。形成の結果として、一瞬にして宇宙には自由に漂う陽子、電子がいなくなり、宇宙は透明になった。これを「宇宙の晴れ上がり」とよぶ。以後、光はなにものにもさえぎられず、137億年ほどかけて、宇宙マイクロ波背景放射としてわれわれまで到達する。ちなみに、40万年の時代の宇宙はおよそ絶対温度3000Kであり宇宙は赤から近赤外線で輝いていた。その時期から現在に至るまでに宇宙は1000倍程膨張し、温度を2.725Kまで低下させたのである。

宇宙マイクロ波背景放射で見る宇宙とは、誕生後40万年の姿なのだ。現在137億歳の宇宙を、50歳の人間にたとえれば、宇宙マイクロ波背景放射で見ているのは、誕生してわずか半日の姿に対応する。生まれて間もない宇宙の姿を直接見せてくれる宇宙最古の化石こそ、宇宙マイクロ波背景放射なのだ。

4. ビッグバン宇宙のミッシングリンク

ペンジャスとウイルソンの発見した宇宙マイクロ波背景放射は、どこの方向からもほとんど同じ強度でやってきていた。ある波長で同じ強度ということは、黒体放射なら同じ温度であることを意味する。温度によって波長ごとの強度が決定されるからである。しかし、その温度（強度）も、非常に精密に調べてみると、ごくわずかではあるが、測定する方向によって異なることがわかってきた。10万分の1程度という非常に小さな温度の分布の違い、「温度揺らぎ」を1992年に発見したのが、COBE衛星である（図8-9）。

COBE衛星の発見した温度揺らぎは、理論的には存在が予想さ

（提供：NASA）

図8-9 COBE衛星

れていた。現在の宇宙には、銀河や銀河団、さらに銀河の巨大なネットワークである大規模構造などが存在している。これらの構造の存在は、物質の分布が一様かつ等方であるとするフリードマンの宇宙モデルと一見相容れないように思われる。そこで現代宇宙論では、宇宙全体を平均的に見れば、一様等方であるが、ごくわずかな物質分布の偏り「密度揺らぎ」が存在していると考える。当初はほんとうにごくわずかであった物質の密度揺らぎが、重力の働きによって成長して、ついには銀河、銀河団そして大規模構造へと育っていくことが数値シミュレーションなどによって示されている（図8-10）。ちょっとでも物質が集まっている領域は、ほかよりも重力が強い。そこで物質をさらにかき集める。するとさらに重力が強くなり、ますます物質を集めることになるのである。

一様等方からのごくわずかな揺らぎは、宇宙の最初期に生み出

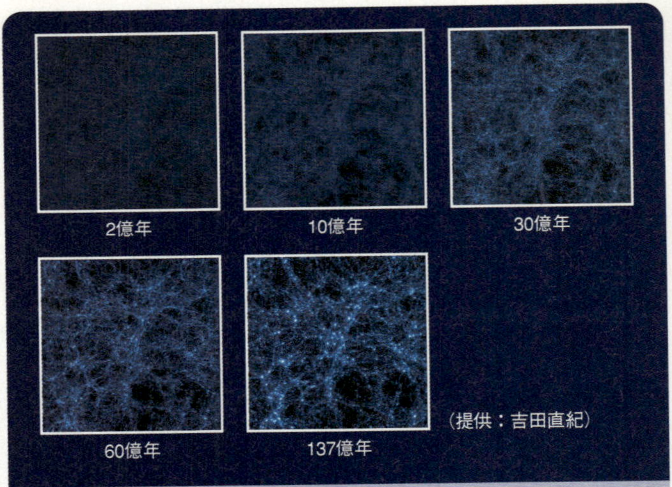

図8-10　大規模構造形成シミュレーション

されたと考えられている。それは宇宙誕生後わずか10^{-35}秒のころに起きた巨大膨張であるインフレーションの最中のことであった。この揺らぎが、育っていって現在の構造を生み出した。しかし、物質分布の揺らぎはまた宇宙に存在していた光の分布にも偏りをもたらしたはずである。これこそ、宇宙マイクロ波背景放射の温度揺らぎである。

宇宙最初期の揺らぎの137億年後の姿が宇宙の大規模構造であり、40万年後の姿が宇宙マイクロ波背景放射の温度揺らぎなのである。宇宙マイクロ波背景放射の温度揺らぎは10^{-35}秒の宇宙と現在の宇宙を結ぶいわばビッグバン宇宙のミッシングリンクなのだ（図8-11）。宇宙マイクロ波背景放射の温度揺らぎを発見したCOBEの差分マイクロ波ラジオメーターDMR検出器の責任者ジョージ・スムートは、この業績により2006年のノーベル物理学賞を、

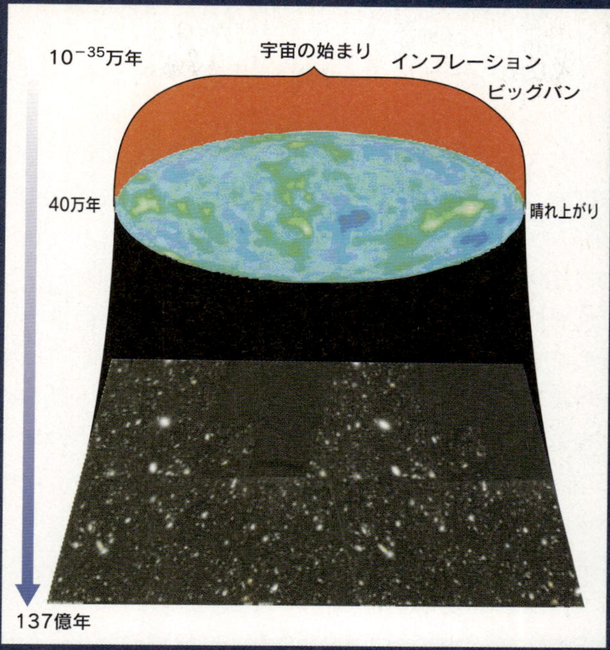

（提供：NASA/COBEチーム、HST）

図8-11　宇宙の始まりから、晴れ上がり、そして現在へ

先のマザーと共同受賞した。

5. 宇宙を解く鍵

宇宙マイクロ波背景放射がCOBEによって発見されたことを契機として、理論研究が爆発的な勢いで進められた。その結果、温度揺らぎには宇宙を解く鍵とでもいえる重要な情報が隠されてい

ることが明らかになってきた。温度揺らぎを詳細に測定すれば、宇宙の発展をつかさどっている量を精密に測定できるというのである。まさに宇宙論にとって「金鉱」とでも呼べる10万分の１の温度揺らぎであったのだ。

先に述べたように宇宙の膨張を決定づける量には、物質の密度や宇宙項、空間の曲率、そして膨張の速度を表すハッブル定数などがあった。では、温度揺らぎの測定でどうしてこれらの量が測定できるのであろうか。その原理を煎じ詰めると、40万年の時代の温度揺らぎのパターンのサイズや揺らぎの度合いが物質の量や膨張の速度などで決定されること、そして、その温度揺らぎを137億光年離れた現在の宇宙で測定する際に、伝播してくる途中の空間の構造によってパターンのサイズが拡大ないし縮小される、ということにつきる。観測した温度揺らぎのパターンのサイズや揺らぎの度合いと、理論的に予想されるそれを比較することで、宇宙の発展をつかさどる量を測定できるのである（図8-12）。

まず、温度揺らぎの空間パターンの物理的なサイズがどのように決定されるのかについて解説しよう。そのためには、40万年の

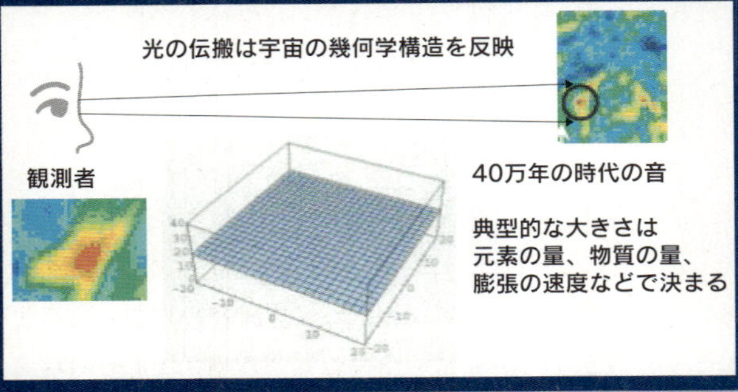
光の伝搬は宇宙の幾何学構造を反映
観測者
40万年の時代の音
典型的な大きさは
元素の量、物質の量、
膨張の速度などで決まる

図8-12　温度揺らぎのパターンを観測する

時代までに宇宙マイクロ波背景放射の温度揺らぎがどのように生成されるのかを知る必要がある。先に述べたように40万年、すなわち晴れ上がりの時期までは、陽子と電子はバラバラの状態で存在していた。プラズマ状態にあったのである。そこでは光もまた、電子と繰り返し衝突することで、プラズマの中に共存していた。プラズマは空気とよく似た圧縮することのできる流体である。ここで空気の中を伝播する物質分布の疎密こそ音であることを思い出していただききたい。プラズマにも同様に、密度揺らぎが「音波」として伝播する。宇宙には、その誕生40万年まで、音が満ちあふれていたのである。

宇宙の始まりに存在していた音は、ではいったいどのくらいの音程であったのであろうか。ここで楽器を思い浮かべてみよう。大きい楽器は低い音程を作り出す。これはいちばん低い音程が、その楽器の大きさによって決まるためだ。宇宙では、楽器が宇宙そのものである。宇宙に立つ音波は、宇宙の大きさ、つまり宇宙が誕生してから光が到達できる限界（地平線と呼ぶ）をおよそその最低の波長とする波になるのだ。振動数に直すと、40万年に一度振動する、という超重低音である。その倍音成分も当然そこには存在していた。倍音成分は、波長が最も低いものの半分、3分の1などによって構成される。この倍音がどれだけ含まれるかで音色が決定されるのである。

もう少しくわしく音の性質を見てみよう。ヘリウムガスを吸い込むと声が変わる、というおもちゃがある。これは、ヘリウム内の音速と、通常の空気（窒素と酸素の混合物）内の音速が異なるために生じる現象である。音速が異なれば、音程が変わる。宇宙の場合でも、宇宙のプラズマの構成要素の比率によって、その音程が変化する。具体的には、光（現在の宇宙マイクロ波背景放射）のエネルギー密度と、陽子、電子の密度の比が音速を決める。

また、宇宙の膨張速度、さらには、全物質密度などによっても音は変化する。宇宙という楽器が時間とともに進化していくその様子が異なるためである。この影響は、もっとも低い音だけではなく、倍音成分にもおよぶ。40万年より以前の時代、つまり宇宙がまだ小さかった時代の宇宙の進化が異なれば、より短い波長が変化するからである。そのため、音程だけでなく、音色が異なってくる。

この40万年の時代の音、すなわち密度分布の疎密こそ、宇宙マイクロ波背景放射の温度揺らぎ（温度違いの空間分布）として、測定されるものである。すなわち、温度揺らぎを詳細に測定することで、宇宙の物質密度、膨張速度（ハッブル定数）、さらには、陽子によって構成される通常の物質（元素）の割り合いなどが明らかになるのである。

次に、この40万年の音を私たちは137億光年彼方から観測していることに注目しよう。はるばる137億光年旅する間に、途中の空間の構造の影響が温度揺らぎにはおよぶことになる。空間の曲率によって、拡大ないしは縮小して見えるのである。もし実際の宇宙の空間の曲率が正であったとすると、空間全体が凸レンズとして働くために、曲率が0の場合に比べ、温度揺らぎのパターンが拡大される。温度揺らぎの典型的なサイズが本来40万光年程度であるのに、見かけ上もっと大きく見えてしまうのである。一方、曲率が負であれば、凹レンズとして働くので、逆に小さく見えるはずである。このように、温度揺らぎの測定によって宇宙の曲率も知ることができるのである。

では、COBEの測定した温度揺らぎの全天マップでこれらの量を詳細に決定できたのだろうか。残念ながらそうではなかった。

COBEは1989年打ち上げにもかかわらず、1970年代の技術によって開発された観測装置しか積んでいなかったのである。スペースシャトルの打ち上げ失敗などによる計画の遅れが原因であった。搭載していたのは、角度分解能が7°というピンぼけ望遠鏡であった。月や太陽の見かけの大きさ（視直径）が0.5°ということを考えれば、いかにピンぼけかわかるのではないだろうか。空の上で月が14個分占める広大な領域を分解できないのだ。

40万年の時代の宇宙の大きさ、すなわち40万光年という長さは、空のわずか1°を少し越える程度を占めるに留まる。COBEの分解能では、40万光年の宇宙の中に生じた音波を見る（聴く）ことはできなかったのだ。

6. WMAP衛星が明らかにした宇宙の姿

COBEの角度分解能を凌ぐ観測は、地上、または気球を用いることでも可能である。実際に、COBEによる温度揺らぎの発見のあと、数多くの観測が実行され、温度揺らぎの測定に成功した。とりわけ、2000年に報告されたイタリアとアメリカを中心としたBoomerangグループによる測定は、大きな反響を呼んだ。これまでにない、10日にもおよぶ南極上空での周回軌道を利用した気球の観測であり、空の大きな領域（5%程度）を観測することに成功したのである。角度分解能はCOBEの30倍ほどもよく、40万年の時代の音を詳細に測定することに成功した。その結果、宇宙の曲率は、ほぼ0であることを示すなど大きな成果をあげたのである。

しかし、Boomerangといえども空の5%程度しかカバーすることができなかった。やはり、全天を測定することの可能な人工衛星に勝るものはないのである。

COBEの成果を受けて、米欧ではいくつかの人工衛星計画が提案された。そのなかで、NASAゴダード航空宇宙センターとプリンストン大学を中心としたグループによって推進されたのが、WMAP衛星である。当初はMAPと呼んでいたこの衛星は、2001年6月に打ち上げられた（図8-13）。

（提供：NASA/WMAPチーム）

図8-13 WMAP衛星

WMAPが得た詳細な温度分布は、図8-14に見られるとおりだ。先のCOBEと比べてみると、その分解能のよさが一目瞭然だろう。しかし、それはまたCOBEの結果を完全に再現するものでもあった。

それでは、WMAPの温度揺らぎの解析によって明らかになった宇宙の姿を紹介しよう。まず、宇宙の空間はほとんど平坦であり曲率は0であった。次に、宇宙の物質の量は全エネルギー密度の26%、物質のうち水素などの通常の物質（元素）は4%にすぎなかった。残りの74%は、宇宙項ということになる。なんと宇宙の膨張は宇宙項に支配されていたのである。また、物質の成分のうちでも元素が4%しかないことも注目に値する。物質の大部分は、正体不明の暗黒物質「ダークマター」なのである（図8-14）。さらに、ハッブル定数も非常に精度よく決定された。

宇宙の発展をつかさどる量が決定されたので、その値を用いて宇宙の進化を計算すれば、現在の宇宙の年齢や宇宙の運命を明らかにすることが可能になる。計算の結果得られた宇宙の年齢は、137億歳（誤差は数%）である。また宇宙項に支配されているために、宇宙は膨張速度をどんどんと加速させつつ永遠に膨張していく運命にあることもわかる。宇宙項が斥力として働いて、膨張を加速させていくのだ。

なお、宇宙を加速させるエネルギーを生み出しているという意味で、宇宙項のことを最近では「ダークエネルギー」とよぶことが多い。よりくわしく述べれば、ダークエネルギーはそのエネルギ

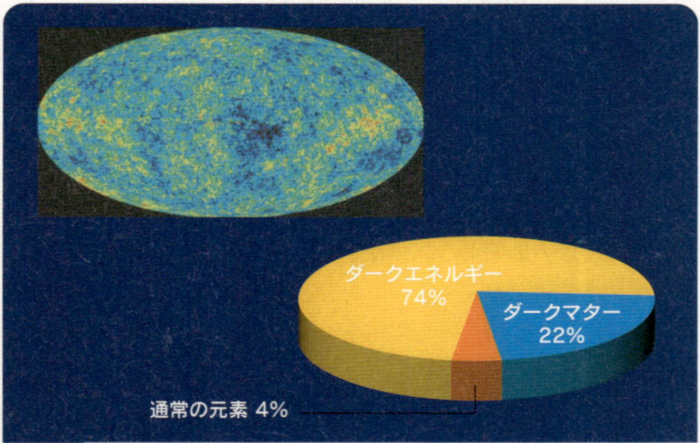

図8-14　ダークマター

ー密度が時間進化する場合も含む（宇宙項の場合には一定）という意味で宇宙項を一般化したものになっている。

宇宙項（ダークエネルギー）やダークマターの存在は、ほかの観測からも示唆されている。重たい恒星の生涯の終わりには、超新星爆発が起きることがわかっている。超新星爆発が何日かけて明るくなりそして暗くなっていくかを調べることで、爆発の規模を知ることが可能である。そこで、遠方の超新星爆発の明るさを測定し、その見かけの明るさと爆発の規模を比較することで、宇宙の大きさを測定することが可能になる。

独立した2つの研究グループが1990年代終わりに多数の超新星を見つけて調べたところ、いずれのグループもダークエネルギーが存在していなければ、観測された超新星から得られた宇宙の大きさを説明できないという結論を得た。WMAPの観測結果は、超新星の結果と見事に合致するものであった。

ダークマターについては、1970年代にはすでに銀河の渦巻きの回転運動を詳細に調べることで、なにか目に見えない物質が銀河の重量を支配していることが明らかになっている。光が銀河団などの重力によって曲げられ、背景の銀河の像がゆがむという重力レンズ効果によっても、ダークマターの存在は示されている。

宇宙を支配している2つの暗黒成分、ダークエネルギーとダークマターの量を詳細に測定したWMAPの観測ではあるが、それ以外にもいくつかの画期的な成果をあげている。まず、宇宙最初期の急膨張であるインフレーションの存在をほぼ決定的に実証したことが特筆される。インフレーションが生み出す揺らぎの性質と、観測された温度揺らぎが完璧に合致したからである。

さらに、宇宙の初期天体形成の時期についても、宇宙誕生から4億年のころに起きたことを明らかにした。最初期の星が誕生すれば、放射される紫外線により銀河間の水素ガスが電離される。その結果電子が大量に銀河間ガスに放たれ、そこを通過する宇宙マイクロ波背景放射と散乱をすることになる。その散乱をWMAP衛星は捉えることに成功し、星の誕生時期をはじき出したのだ。

7. まとめ

COBEとWMAPという2つの人工衛星によって得られた宇宙マイクロ波背景放射の温度揺らぎの詳細な測定によって、宇宙の姿と始まりが科学的に理解できるようになった。宇宙論は実証科学へと発展をとげ、精密宇宙論の時代をいままさに迎えようとしているのである。

一方でWMAPが明らかにした宇宙とは、ダークエネルギーやダークマターに支配された奇怪なものであった。今後、WMAPの観測結果を軸に宇宙論が展開されていくことは、疑いの余地はない。その中でも、ダークエネルギーやダークマターの正体に迫る試みこそが、最大のチャレンジではないだろうか。

21世紀の宇宙論は、宇宙の大部分を支配している暗黒成分を明らかにするべく展開されていくのである。そのために、Dark Energy Probe（SNAPともよばれる）という専用衛星を打ち上げて遠方の超新星を探査してダークエネルギーの正体に迫るNASAのプロジェクトや、すばる望遠鏡に超広視野カメラを取りつけて超新星や銀河分布などからダークエネルギーやダークマターに迫る試みなど、世界中で多くのプロジェクトが提案・推進されている。宇宙マイクロ波背景放射の測定についても、欧州宇宙機関（ESA）がPLANCKというWMAPをしのぐ能力を持った衛星を2008年中に打ち上げる予定である。今後の展開に期待したい。

あとがき

　ソフトバンク クリエイティブの益田さんから福江が連絡をいただいたのは、2006年の5月下旬だった。スタートしたばかりのサイエンス・アイ新書で、なにか書いてもらえないだろうかという話だった。最初は宇宙の話以外にも、SFアニメがらみのネタだとか3つぐらい企画を相談していたのだが、最終的に、ストレートに宇宙の最先端の話題でいこうということに決まったのが、6月上旬である。そして、以前に天文教育普及研究会の会誌『天文教育』の編集をしたり、『最新 宇宙学』(裳華房、2004年刊)を編集した流れで、福江・粟野共編とすることになった。その後、構成を詰めたり執筆者を決めたりして、いろいろな方に依頼を始めたのが、7月に入ってからだったか。忙しい中、快く引き受けていただいた各執筆者の方々にお礼申し上げたい。もっとも……。

　ずうずうしい編者らがしつこく催促しても原稿がなかなか届かなかったりして、気の小さい編者はけっこう気をもんだ(ほんとに)。また、血の気が多い若い書き手は、おたがいの執筆部分についてメールで意見交換をしている最中に、だんだん興奮して本格的な議論を始める始末で、最後は仲裁に入ったが(おいおい)。本を編むたびに編者はコリゴリだと思うけど、一方で本ができあがってみると、とうてい1人では書けないものができるのがうれしい。編者冥利に尽きるかもしれない。

もし、本書がおもしろいものに仕上がっているとしたら、たくさんの無理を聞いていただいた各執筆者の方々のおかげだと思う。編者として、もう一度、厚くお礼申し上げたい。また益田さんには、本書の企画から出版までたいへんにお世話になった。この場を借りて深く感謝したい。特に初校がフルカラーで届いたときは、超サプライズだった。慌てて、モノクロの図をカラーに差し替えたりしたが、編者・著者ともども、ありがたいかぎりである。

最後になったが、本書を手に取っていただいた読者の方々には、最大級の感謝をしたい。数年も経てば本書の一部は書き換えられてセピア色になっているかもしれないが、とりあえずは旬を楽しんでいただきたいと思う。

2007年皐月
福江　純
粟野諭美

《参考文献》

全体・第一部

『最新宇宙学』 粟野諭美・福江　純編（裳華房、2004年）

『宇宙スペクトル博物館シリーズ』 粟野諭美・福江　純ほか著（裳華房、1999年、2000年、2001年）

『最新天文小辞典』 福江　純（東京書籍、2004年）

『星空の遊び方』 福江　純編著（東京書籍、2002年）

『宇宙と生命の起源ービッグバンから人類誕生へ』 嶺重　慎・小久保英一郎（岩波書店、2004年）

『宇宙旅行ガイド　140億光年の旅』 福江　純編（丸善、2005年）

『人類の住む宇宙』 岡村定矩ほか編（日本評論社、2006年）

『図鑑NEO 宇宙』 池内　了監修・執筆（小学館、2004年）

第二部

Part1

『図解雑学よくわかる宇宙のしくみ』 吉川　真監修（ナツメ社、2006年）

『太陽系の果てを探る』 渡部潤一・布施哲治（東京大学出版会、2004年）

『はやぶさ 不死身の探査機と宇宙研物語』 吉田　武（幻冬舎、2006年）

Part2

『一億個の地球 星くずからの誕生』 井田　茂・小久保英一郎（岩波書店、1999年）

『異形の惑星〜系外惑星形成理論から』 井田　茂（NHKブックス、2003年）

『比較惑星学』 渡辺誠一郎・井田　茂（岩波書店、1997年）

Part3

『系外惑星観測の新世紀』 田村元秀ほか編（天文月報、2003年4月号）

『異形の惑星～系外惑星形成理論から』　井田　茂（NHKブックス、2003年）

『太陽系と惑星』　渡部潤一ほか編（日本評論社、2007年刊行予定）

Part4

『ブラックホールと高エネルギー現象』　小山勝二ほか編（日本評論社、2007年刊行予定）

Part5

『ブラックホールは怖くない？』　福江　純（恒星社厚生閣、2005年）

『ブラックホール天文学入門』　嶺重　慎（裳華房、2005年）

『ブラックホールを飼い慣らす！』　福江　純（恒星社厚生閣、2006年）

『天の川の真実、超巨大ブラックホールの巣窟を暴く』　奥田治之・祖父江義明・小山勝二（誠文堂新光社、2006年）

『一般相対論の世界を探る』　柴田　大（東京大学出版会、2007年）

Part6

『活動する宇宙』　柴田一成ほか編（裳華房、1999年）

『降着円盤から噴出する磁気タワージェット』　加藤成晃（天文月報、2005年8月号）

『ブラックホール天文学入門』　嶺重　慎（裳華房、2005年）

Part7

『生れたての銀河を探して』　谷口義明（裳華房、2001年）

『暗黒宇宙の謎』　谷口義明（講談社、2005年）

『宇宙を読む』　谷口義明（中央公論新社、2006年）

Part8

『宇宙　その始まりから終わりへ』　杉山　直（朝日新聞社、2003年）

『宇宙のからくり：一からわかる宇宙論』　山田克哉（講談社、 2005年）

索　引

た

な

は

ま

ら

わ